高等职业教育电子信息类专业系列教材

电路及电工技术

周　强　刘传辉　主编

解书凯　罗金生　向　兵　王　海　副主编

U0294292

电子工业出版社

Publishing House of Electronics Industry

北京·BEIJING

内 容 简 介

本书共 9 章，内容包括电路的基本概念和模型、电路的基本分析方法、电路的基本定理、正弦交流电路、三相交流电路、铁芯线圈与变压器、电动机、电工测量、安全用电。

本书可作为应用电子技术、自动控制、电气自动化技术等专业的电路基础及电工技术课程教材，也可供自学电路课程的读者参考使用。

图书在版编目（CIP）数据

电路及电工技术 / 周强，刘传辉主编．—北京：电子工业出版社，2021.7

ISBN 978-7-121-41572-2

Ⅰ.①电… Ⅱ.①周… ②刘… Ⅲ.①电路－高等学校－教材 ②电工技术－高等学校－教材 Ⅳ.①TM

中国版本图书馆 CIP 数据核字（2021）第 138393 号

责任编辑：朱怀永　　　　特约编辑：田学清
印　　刷：北京捷迅佳彩印刷有限公司
装　　订：北京捷迅佳彩印刷有限公司
出版发行：电子工业出版社
　　　　　北京市海淀区万寿路 173 信箱　　　邮编：100036
开　　本：787×1092　1/16　　印张：13.25　　字数：339 千字
版　　次：2021 年 7 月第 1 版
印　　次：2021 年 7 月第 1 次印刷
定　　价：39.80 元

凡所购买电子工业出版社图书有缺损问题，请向购买书店调换。若书店售缺，请与本社发行部联系，联系及邮购电话：（010）88254888，88258888。

质量投诉请发邮件至 zlts@phei.com.cn，盗版侵权举报请发邮件至 dbqq@phei.com.cn。

本书咨询联系方式：（010）88254608，zhy@phei.com.cn。

本书编委会

主　编　周　强　刘传辉

副主编　解书凯　罗金生　向　兵　王　海

编　委　隆良梁　李　念　王　宇

前　言

　　本书在结构、内容安排等方面吸收了多位专家多年来在教学改革、教材建设等方面取得的经验，力求全面体现高等职业教育的特点，满足当前教学的需要。

　　本书的主要特点如下。

　　（1）为适应现代电气电子强弱电技术互相渗透、融合的发展趋势，以及培养知识面宽、适应性强的复合型人才的要求，本书编写中采用强弱电知识合一体系。

　　（2）体现时代特征，注重更新内容。本书删除了陈旧的知识点，尽量多地介绍电气、电工技术领域的新知识和新技术，使学生能学到新颖、适用的知识，有利于培养学生的创新精神。

　　（3）根据电路基础课程教学的特点，本书在内容选取上重视基本概念、基本定律、基本分析方法的介绍，淡化复杂理论的分析。全书内容层次清晰、循序渐进，力求使学生对基本理论有系统、深入的理解，为今后的学习奠定基础，同时注重分析问题、解决问题能力的培养。

　　（4）体现高等职业教育特色，重视实际应用。本书中加入了电工测量、安全用电等相关知识。

　　（5）书中论述力求做到深入浅出、通俗易懂，以便学生阅读和自学。本书在内容的编排上，先易后难，先静态后动态，多举例题，通过例题说明应用定理解题的规律和方法，引导读者循序渐进、由浅入深地学习。本书在内容的组织上，既注重基本知识和基本内容的全面性、完整性，又对知识的关键点、难点进行较深入的分析和讨论。学好这门课程，对学生开启心智、锻炼思维、提高分析和解决实际问题的能力非常有帮助。

　　本书由绵阳职业技术学院的周强、刘传辉任主编，解书凯、罗金生、向兵、王海、隆良梁、李念、王宇参与编写。

　　由于编者水平有限，加之电工技术的发展日新月异，很多理论和技术问题还需要进一步研究，书中不妥之处敬请读者批评指正。

编　者

2020 年 11 月

目　　录

第1章　电路的基本概念和模型

【提要】本章是全书内容的理论基础。在学习中应掌握以下 4 个方面的内容。

①掌握电路模型、理想电路元件的概念。理解电流、电压、电荷、功率和能量的物理意义，掌握各物理量之间的关系。掌握电位和电动势的概念和计算方法，深刻理解参考方向的概念。

②掌握电阻、电压源、电流源和受控源的伏安特性和基尔霍夫电流定律及基尔霍夫电压定律。牢记两类约束关系是进行电路分析的基础。

③会计算电阻、独立源和受控源的功率，能熟练地应用分压、分流公式，能熟练地化简串联、并联、混联无源二端网络，会分析和计算简单电路。

④掌握实际电源的两种模型及其等效变换。

1.1　电路模型

电路模型是由若干个电路元件按一定规则用理想化的线路连接起来的电流通路，电路模型图由规定的电路元件符号和理想化的线路构成。本书中研究的对象是电路模型（简称电路），而不是实际电路。因为电路元件是根据实际电气装置和器材抽象出来的，故组成的电路模型能比较准确地表征实际电路的主要电磁关系。因为人们对实际电路的电磁关系认识程度不同，以及分析和计算所要求的精确程度不同，所以由同一个实际电路可能会得出不同的电路模型。电路模型都有一定的适用条件，对不同的使用场合和不同的精度要求要选择相适应的电路模型。

1.1.1　实际电路与电路模型

实际电路由具体的电气元器件互相连接而成，由此组成了各种各样的电子系统。实际电路构成了各种应用系统，如通信、计算机、控制、动力、信号处理等系统。常用的电气元器件，如电阻、电容、电感、晶体管、集成电路等的共同特点是在工作时其内部存在电磁过程。

在进行电路分析时，并不直接研究实际电路，而研究实际电路的数学模型，即电路模型。手电筒电路是最简单的直流电路，如图 1-1 所示。该电路中包括任何一个电路都具有的 4 个基本组成部分：①电源；②负载；③连接导线；④控制元件（S）。实际电路是由许多不同的电子、电气元器件按某种要求相互连接而成的。

一个元器件在表现出主要物理性质的同时，还会表现出一些次要的物理性质。例如，对实际电阻元件，常利用的是它对电流呈现出来的阻力性质，但当电流流过电阻元件时电阻元件还会表现出一定的电场和磁场效应；实际电感元件的主要物理性质是储存磁场能量，但其也会表现出一定的电阻和电容效应。在分析电路时，把元器件的全部物理特性都加以考虑在工程中往往没有必要，而且这样会把问题复杂化。为了简化电路分析，可以由实际电路元器件抽象出一些理想电路元件来模拟实际电路元器件。

所谓理想电路元件，是指假想出来的、只具有单一物理特性的元件。基本的理想电路元件有 3 种，即理想电阻、理想电感和理想电容，在电路中分别用符号 R、L 和 C 表示。理想电阻、电感、电容元件模型图如图 1-2 所示。

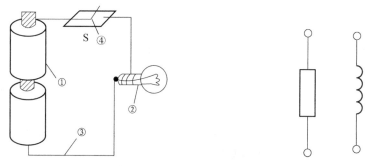

图 1-1　手电筒电路　　　　　　图 1-2　理想电阻、电感、电容元件模型图

（1）理想电路元件是具有某种确定的电磁性能的理想元件。理想电阻元件只消耗电能（既不储存电能，也不储存磁能）；理想电容元件只储存电能（既不消耗电能，也不储存磁能）；理想电感元件只储存磁能（既不消耗电能，也不储存电能）。理想电路元件是一种理想的模型，具有精确的数学定义，在实际中并不存在，但是不能说理想电路元件模型的定义理论脱离实际。这犹如实际中并不存在"质点"，但"质点"这种理想模型在物理学科运动学原理分析与研究中具有重要地位，人们所定义的理想电路元件模型在电路理论问题分析与研究中扮演着重要角色。

（2）不同的实际电路元器件，只要具有相同的主要物理性能，在一定条件下就可用同一个模型表示，如白炽灯、电炉等不同的实际电路元器件在低频电路里都可用电阻 R 表示。

（3）同一个实际电路元器件在不同的应用条件下可以有不同的模型。实际电路元器件如何近似和抽象、如何建立模型，与具体的应用条件有关。实际电感元件在不同应用条件下的模型如图 1-3 所示。

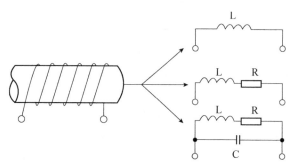

图 1-3　实际电感元件在不同应用条件下的模型

本书中所讨论的电路和元件均指电路模型和理想电路元件。

1.1.2 集总参数电路假设

如果电路的长度远小于电路工作频率所对应的波长，就说它满足集中化条件，可以用集总参数电路作为其模型，即用集总参数电路模型来近似地描述实际电路是有条件的，要求 l（电路的长度）$\ll \lambda$（电路工作频率所对应的波长）。例如，工业用电的频率为 50Hz，其对应的波长 $\lambda = c / f = 6000 \mathrm{km}$（其中 $c = 3 \times 10^8 \mathrm{m/s}$，为光速），电子电路的长度与这一波长相比都可以忽略不计，因此可以采用集总参数概念。在集总参数电路中，电流通过电路不需要时间，即在任一时刻从一个二端元件一端流出的电流，等于该时刻从该元件另一端流入的电流。

当电路的长度可以和电路工作频率所对应的波长相比拟时，这个电路就不能按集总参数电路对待，而要用分布参数电路或电磁场理论来分析。本书只讨论集总参数电路。

1.1.3 电路分类

1. 线性电路与非线性电路

仅由线性元件组成的电路称为线性电路（linear circuit）。描述线性电路特征的所有方程都是线性代数方程或线性微积分方程。只要电路中含有一个非线性元件，如非线性电阻或三极管等，该电路就称为非线性电路（nonlinear circuit）。在奥妙无穷的大千世界中，非线性运动是最本质、最普遍的运动形式。因此，非线性电路在工程中的应用更为普遍，线性电路仅是非线性电路的近似模型，但线性电路的理论是很重要的基础，没有这个基础就无法研究非线性电路或更复杂的系统。

2. 时不变电路与时变电路

时不变电路（time-invariant circuit）又称非时变电路，组成电路的元件的参数值不随时间变化而变化，因而描述这类电路的方程是常系数的代数方程或微积分方程。由变系数的代数方程或微积分方程描述的电路称为时变电路（time-varying circuit）。实际中时变电路的应用非常普遍，但时不变电路是最基本的电路模型，是研究时变电路的基础。

【思考与练习 1.1】

1-1 长度为 1.2m 的电路，对于 500Hz 广播频率来说是什么电路？对 50Hz 市电来说又是什么电路？

1.2 电路变量

电流、电压是电路的基本物理量。电路分析的任务就是求解电路方程，计算电路中的电流、电压、功率。本节着重说明电流、电压的参考方向及其意义。

1.2.1 电流

电荷做有规则的定向运动，形成传导电流。一段金属导体内含有大量带负电荷的自由电子，通常情况下这些自由电子在其内部做无规则的热运动。在这种情况下，金属导体内虽有电荷运动，但由于电荷的运动是杂乱无规则的，因此不能形成传导电流。如果在金属导体的两端接上电源，那么带负电荷的自由电子就会逆电场方向运动，这样金属导体内就有电荷做有规则的定向运动，于是形成传导电流。在其他场合，如电解溶液中，带电离子做有规则的定向运动也会形成传导电流。

1. 电流的定义

由物理学知识得知，电荷的定向移动形成电流，规定正电荷移动的方向为电流的方向。电流的大小用电流强度来度量，将单位时间内通过导体横截面的电荷量定义为电流强度，简称电流，用字母 i 表示，即

$$i = \frac{\mathrm{d}q}{\mathrm{d}t}$$

式中，$\mathrm{d}q$ 为时间 $\mathrm{d}t$ 内通过导体横截面的电荷量。若 $\mathrm{d}q/\mathrm{d}t$ 为常数，则称该电流为直流电流，简称直流（表示符号为"–"，英文缩写为 DC 或 dc），用 I 表示，即

$$I = \frac{q}{t}$$

2. 电流的单位

在微电系统（如晶体管电路）中，常用 mA（毫安）、μA（微安）作为电流的单位；在强电系统中，常用 A（安）、kA（千安）作为电流的单位。它们之间的换算关系是

$$1\mathrm{kA} = 10^3\,\mathrm{A}$$

$$1\mathrm{mA} = 10^{-3}\,\mathrm{A}$$

$$1\mu\mathrm{A} = 10^{-6}\,\mathrm{A}$$

3. 电流的方向及参考方向

电流不但有大小，而且有方向。规定正电荷运动的方向为电流的实际方向。在一些简单的电路中，电流的实际方向是显而易见的，即从电源正极流出，流向电源负极。但在一些稍复杂的电路中，电流的实际方向不是一看便知的。例如，在如图 1-4 所示的桥形电路中，R_5 上电流的实际方向就不是一看便知的。不过，R_5 上电流的实际方向只有 3 种可能：①从 a 流向 b；②从 b 流向 a；③既不从 a 流向 b，又不从 b 流向 a（R_5 上电流为零）。因此可以用代

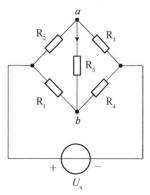

图 1-4 桥形电路

数量来描述电流。简言之，电流是代数量，在研究电流时当然可以像研究其他代数量一样选择正方向，即参考方向。假设一个正电荷运动的方向作为电流的参考方向，用箭头标在电路图上。若无特殊说明，则认为电路图上所标箭头表示电流的参考方向。对电路中的电流设参考方向还有另一方面的原因，那就是在交流电路中电流的实际方向在不断地改变，因此很难在这样的电路中标明电流的实际方向，引入电流的参考方向可以解决这一难题。在对电路中的电流设定参考方向以后，若经计算得出电流为正值，则说明所设参考方向与实际方向一致；若经计算得出电流为负值，则说明所设参考方向与实际方向相反。电流值的正与负在设定参考方向的前提下才有意义。

4. 电流的实际测量

当在直流电路中测量电流时，要根据电流的实际方向将直流电流表串联接入待测支路，如图 1-5 所示。直流电流表两旁所标的"+""−"表示直流电流表的正、负极。交流电流的测量应用交流电流表。

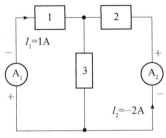

图 1-5　直流电流测量电路

例 1.1　图 1-6（a）中的矩形框用来泛指元件。设 1A 的电流由 a 向 b 流过元件，试问如何表示这一电流？

解：有两种表示方式。

（1）用图 1-6（b）表示：$i_1 = 1\text{A}$。这是因为电流的参考方向与实际方向一致。

（2）用图 1-6（c）表示：$i_1 = -1\text{A}$。这是因为电流的参考方向与实际方向相反。

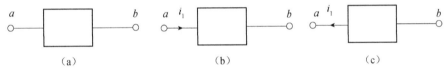

图 1-6　例 1.1 用图

1.2.2　电压

当电荷通过某支路时，支路两端存在电位差，电荷与支路之间会发生电能的交换。

1. 电压的定义

两点间的电位差即两点间的电压。从电场力做功的角度定义，电压就是将单位正电荷从电路中的一点移至另一点电场力所做的功，如图 1-7 所示。电压的定义式为

$$u = \frac{\mathrm{d}w}{\mathrm{d}q}$$

式中，$\mathrm{d}q$ 为由 a 点移至 b 点的电荷量，单位为 C（库［仑］）；$\mathrm{d}w$ 为移动电荷电场力所做的功，单位为 J（焦［耳］）。

图 1-7　定义电压示意图

2. 电压的单位

电压的单位为 V（伏［特］），1V 相当于移动 1C 正电荷电场力所做的功为 1J。在电力系统中，有时用 V 作为电压的单位太小，所以用 kV（千伏）作为电压的单位。在无线电电路中常用 mV（毫伏）、μV（微伏）作为电压的单位。

3. 电压的方向及参考方向

由电位、电压的定义可知它们都是代数量，因此也涉及参考方向的问题。在电路中，规定电位真正降低的方向为电压的实际方向。在复杂的电路中，元件两端电压的实际方向是不易判别的；在交流电路中，两点间电压的实际方向经常改变，这给实际电路的分析和计算带来困难，所以也常常对电路中两点间电压设定参考方向。所谓电压参考方向，是指假设的电位降低的方向，在电路图中用"+""−"标出，或用带下标的字母表示。例如，电压 u_{ab} 下标中第一个字母 a 表示假设电压参考方向的正极性端，第二个字母 b 表示假设电压参考方向的负极性端。后面若无特殊说明，电路图中的"+""−"则表示电压参考方向。在设定了电路中的电压参考方向以后，若经计算得 u_{ab} 为正值，则说明 a 点电位实际比 b 点电位高；若经计算得 u_{ab} 为负值，则说明 a 点电位实际比 b 点电位低。同电流一样，两点间电压值的正与负在设定参考方向的条件下才有意义。若电压的大小、方向均恒定不变，则为直流电压，常用大写字母 U 表示。

4. 电压的实际测量

对直流电压进行测量，要根据电压的实际方向将直流电压表并联接入电路，使直流电压表的正极接所测电压的实际高电位端，负极接所测电压的实际低电位端。例如，理论计算得 $U_{ab} = 5V$，$U_{cb} = 3V$，要测量这两个直流电压，直流电压表应如图 1-8 所示接入电路。V_1、V_2 为直流电压表，其两旁的"+""−"分别表示直流电压表的正、负极性端。交流电压应用交流电压表测量。

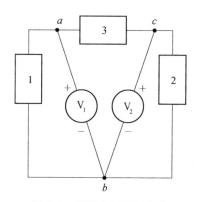

图 1-8　直流电压测量电路

5. 参考点、电位与电压

在分析电路时，为了方便可以任意设置电路中的参考点，即电路中的零电位点，但一个电路中只能设置一个参考点。当设置电路中某一点为参考点后，电路中各点的电压就是各点到参考点的电位差。参考点、电位与电压有以下关系。

（1）各点的电位随设置的参考点的不同而不同。

（2）两点间的电压与参考点的设置无关。

例 1.2 在如图 1-9（a）所示的局部电路中，如果已知元件两端的电压为 2V，正电荷由该元件的 b 点移向 a 点获得能量，试问如何表示这一电压？

解：有两种表示方式。

（1）如图 1-9（b）所示，$U=2\text{V}$。这是因为电压的参考方向与实际方向一致。

（2）如图 1-9（c）所示，$U=-2\text{V}$。这是因为电压的参考方向与实际方向相反。

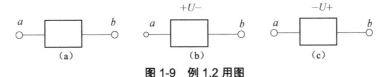

图 1-9 例 1.2 用图

1.2.3 功率

在电路的分析与计算中，研究能量的分配和交换是重要内容之一，而功率可直接反映出支路及整个电路的能量变化情况。

1. 功率的定义

单位时间内做功的大小称为功率，或者说做功的速率称为功率。电路分析中涉及的功率是指电场力做功的速率，以符号 p 表示。功率的定义式为

$$p = \frac{\mathrm{d}w}{\mathrm{d}t}$$

式中，$\mathrm{d}w$ 为 $\mathrm{d}t$ 时间内电场力所做的功。

在直流电路中功率为

$$P = UI$$

2. 功率的单位

功率的单位为 W（瓦）。1W 相当于每秒做功 1J，即 $1\text{W}=1\text{J}/\text{s}$。常用的功率单位还有 mW（毫瓦）、kW（千瓦）等。

3. 功率的计算

在电路中，人们更关注的是功率与电流、电压之间的关系。

现以如图 1-10 所示的电路为例加以讨论。

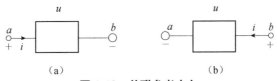

图 1-10 关联参考方向

图 1-10 中的矩形框代表任意一段电路，其内可以是电阻，可以是电源，也可以是若干电路元件的组合。电流的参考方向设成从 a 流向 b（或从 b 流向 a），电压的参考方向设成 a 为高电位端、b 为低电位端（或 b 为高电位端、a 为低电位端），这样所设的电流、电压的参考

方向称为关联参考方向。设在 dt 时间内在电场力作用下由 a 点移动到 b 点的正电荷量为 dq，a 点至 b 点的电压 u 意味着单位正电荷从 a 点移动到 b 点电场力所做的功，那么移动 dq 正电荷电场力做的功为 $dw = udq$。电场力做功说明损耗电能，损耗的这部分电能被 ab 段电路吸收。下面具体推导 ab 段电路的吸收功率与其电压、电流之间的关系。

由

$$u = \frac{dw}{dq}$$

得

$$dw = udq$$

再由

$$i = \frac{dq}{dt}$$

得

$$dt = \frac{dq}{i}$$

根据功率的定义式 $p = dw / dt$，可得

$$p = ui \tag{1-1}$$

4. 功率计算中电压与电流的关联参考方向和非关联参考方向

在分析电路时，对电流和电压都要设定参考方向，而且可以任意设定，互不相关。但为了分析方便，常采用关联参考方向，即电压参考方向与电流参考方向一致，也就是电流从电压标"+"的一端流入，如图 1-10 所示。

如果电流与电压的参考方向相反，则为非关联参考方向，如图 1-11 所示。此时，须在计算吸收功率的公式中冠以负号，即

$$p = -ui \tag{1-2}$$

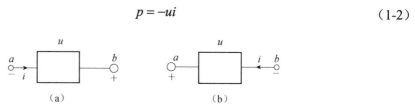

图 1-11　非关联参考方向

需要强调的是，当按电阻的发热惯例进行计算时（吸收功率），在电压、电流参考方向关联的条件下，采用式（1-1）；在电压、电流参考方向非关联的条件下，采用式（1-2）。经计算，若 p 为正值，则该段电路吸收功率；若 p 为负值，则该段电路吸收负功率，即该段电路向外产生功率，或者说供出功率。例如，经计算得 ab 段电路功率为 $-3W$，说明 ab 段电路吸收 $-3W$ 功率，即产生 $3W$ 功率。应特别注意，要根据电压、电流参考方向是否关联来选用相应计算吸收功率的公式。一段电路所吸收的功率为该段电路两端电压和该段电路中电流之乘积。

当按发电机惯例进行计算时（产生功率），无论电压、电流参考方向是关联还是非关联，所用公式都与计算吸收功率的公式符号相反，即电压、电流参考方向关联，产生功率用 $-ui$ 计算；电压、电流参考方向非关联，产生功率用 ui 计算。因为"吸收"与"产生"二者本身就

是相反的含义，所以计算吸收功率与计算产生功率的公式符号相反是理所当然的。

例 1.3　在如图 1-12 所示的电路中，已知 $i = 1\text{A}$，$u_1 = 3\text{V}$，$u_2 = 7\text{V}$，$u_3 = 10\text{V}$，求 ab、bc、ca 三段电路吸收的功率 p_1、p_2、p_3。

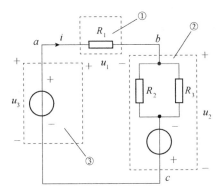

图 1-12　例 1.3 用图

解：对 ab、bc 段电路，电压、电流参考方向关联；对 ca 段电路，电压、电流参考方向非关联，所以有

$$p_1 = u_1 i = 3\text{V} \times 1\text{A} = 3\text{W}$$

$$p_2 = u_2 i = 7\text{V} \times 1\text{A} = 7\text{W}$$

$$p_3 = -u_3 i = -10\text{V} \times 1\text{A} = -10\text{W}$$

实际上 ca 段电路产生 10W 的功率。

由例 1.3 可以看出，$p_1 + p_2 + p_3 = 0$，即对一个完整的电路来说，它产生的功率与吸收的功率总是相等的，这称为功率平衡。这一点通过能量守恒原理很容易理解。

以上阐述了电路分析中常用的电流、电压和功率的基本概念。这些量由于可以取不同的时间函数，所以又称为变量。这里还需要指出，对电路中电流、电压设参考方向是非常必要的。后面将会介绍，不设电流、电压参考方向，电路中的基本定律就不便应用，电路的分析和计算就无法进行下去。本节在计算一段电路的吸收功率时就遇到了此问题，如果不设电流、电压参考方向，就不知选用哪个公式来计算功率。

如何设定电路中电流、电压参考方向是容易掌握的，原则上可以任意设定，但是为了避免许多公式中出现负号（负号容易被遗漏而导致计算出错），习惯上凡是一看便知电流、电压实际方向的，就设参考方向与实际方向一致；对于不易看出电流、电压实际方向的，也不必花费时间去判别，只需在这些支路上任意设定一个参考方向即可。还习惯把元件上电流、电压参考方向设成关联的，有时为了简化计算，一个元件只设定电流或电压一个量的参考方向，这样就意味着两个量的参考方向关联。

1.2.4　电动势

电源力把单位正电荷从电源的负极移到正极所做的功称为电源的电动势，用 E 表示。电动势与电压具有相同的单位，即 V。

按照定义，电动势的方向是电源力克服电场力移动正电荷的方向，是从低电位到高电位的方向。对于一个电源设备，如干电池，若其电动势 E 与其两端间电压 U 的参考方向选择得相反，如图 1-13（a）所示，则 $U=E$；若 E 和 U 的参考方向选择得相同，如图 1-13（b）所示，则 $U=-E$ 或 $E=-U$。

例 1.4 在如图 1-14 所示的电路中，已知 $U_a = 50\text{V}$，$U_b = -40\text{V}$，$U_c = 30\text{V}$。求：（1）U_{ba} 及 U_{ac}；（2）假设元件 4 为具有电动势 E 的电源设备，在图 1-14 中所标参考方向下求 E 的值。

解：（1）因为电压就是电位差，所以有

$$U_{ba} = U_b - U_a = (-40-50)\text{V} = -90\text{V}，\quad U_{ac} = U_a - U_c = (50-30)\text{V} = 20\text{V}$$

（2）根据电位的定义知，$U_b = U_{bo}$。

图 1-14 中电动势 E 的参考方向与电压 U_{bo} 的参考方向相同，在电压与电动势参考方向相同的情况下，两者相差一个负号，即 $E = -U_{bo} = -U_b = 40\text{V}$。

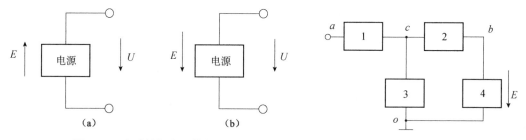

图 1-13 电动势与电压的方向   图 1-14 例 1.4 用图

【思考与练习 1.2】

1-2 根据图 1-15 中的参考方向，判断各元件是吸收功率还是产生功率，并求其功率。

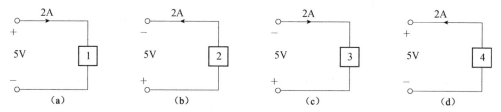

图 1-15 练习题 1-2 用图

1-3 各元件的条件如图 1-16 所示。

（1）元件 A 的吸收功率为 10W，求 I_A；

（2）元件 B 的产生功率为 -10W，求 U_B；

（3）元件 C 的吸收功率为 -10W，求 I_C；

（4）求元件 D 的吸收功率。

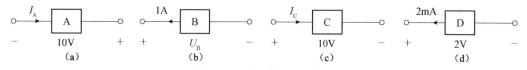

图 1-16 练习题 1-3 用图

1-4 电压 u、电流 i 的参考方向如图 1-17 所示。请回答：对 A 部分电路，电压、电流的参考方向是否关联？对 B 部分电路呢？

1-5　在如图 1-18 所示的直流电路中，各矩形框泛指二端元件或二端电路，已知：$I_1=2A$，$I_2=3A$，$I_3=1A$，$U_a=8V$，$U_b=6V$，$U_d=-9V$。

（1）验证 I_1、I_2 的值是否正确直流电流表应如何接入电路？请标明直流电流表的极性。

（2）求电压 U_{ac}、U_{bd}，要测量这两个电压，应如何连接直流电压表？请标明直流电压表的极性。

（3）求元件 1、3、5 的吸收功率。

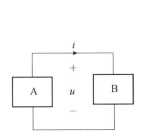
图 1-17　练习题 1-4 用图

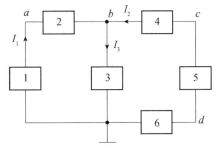
图 1-18　练习题 1-5 用图

1.3　欧姆定律与电阻元件消耗的能量

我们从物理课中熟悉了服从欧姆定律的电阻元件，但在工程中有很多电子元器件，它们并不服从欧姆定律，却有类似的性质。为了更好地理解各种电阻元件的性质，有必要从更广泛的观点来定义电阻元件。

1.3.1　欧姆定律

电阻元件是构成电路的基本元件之一，是从对电流呈现阻力的实际元器件中抽象出来的模型。

例如，在由金属材料绕制的电阻器中，电流实际上是由电子的定向运动形成的。事实上电子在受电场力作用做定向运动的过程中，必然会发生碰撞，对电流呈现一定的阻力，当然也就有能量损耗。

电阻实际上是表征材料（或元器件）对电流呈现阻力、损耗能量的一种参数。

如果电阻的阻值不随其上电压或电流数值的变化而变化，则称该电阻为线性电阻。阻值不随时间变化而变化的线性电阻称为线性时不变电阻。一般实际中使用的电阻，如碳膜电阻、金属膜电阻、线绕电阻等，都可近似看作这类电阻。后文中若无特殊说明，电阻一词就指线性时不变电阻，本书中只讨论这类电阻。

1. 欧姆定律的表达式

欧姆定律（Ohm's Law，OL）是用于电路分析与计算的基本定律之一，它说明了流过线性电阻的电流与该电阻两端电压之间的关系，反映了电阻元件的特性。本节联系电流、电压参考方向讨论欧姆定律。图 1-19（a）是理想电阻模型，设定了电流、电压参考方向关联；图 1-19（b）是该理想电阻的伏安特性曲线，其为处在 i-u 平面第一、三象限过原点的直线。该直线的数学解析式为

$$u = Ri \qquad (1-3)$$

式（1-3）就是欧姆定律的推导式，电阻的单位为Ω（欧[姆]）。如果电阻的伏安特性曲线的斜率不随时间变化而变化，则称该电阻为线性时不变电阻。

如果电阻上的电流、电压参考方向非关联，如图 1-20 所示，则式（1-3）中应冠以负号，即

$$u = -Ri$$

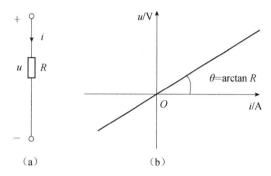

（a）　　　　　　　　（b）

图 1-19　理想电阻模型及其伏安特性曲线　　　　图 1-20　电流、电压参考方向非关联

2. 电导

电阻的倒数称为电导，以符号 G 表示，即

$$G = \frac{1}{R} \qquad (1-4)$$

电导的国际单位制单位是西门子（S），简称西。从物理概念上看，电导是反映材料导电能力强弱的参数。电阻、电导是从相反的两个方面来表征同一材料特性的两个电路参数，所以定义电导为电阻之倒数是有道理的。在应用电导参数来表示电流和电压之间的关系时，欧姆定律公式可转化为

$$i = Gu \qquad (1-5)$$

如果电阻上的电流、电压参考方向非关联，如图 1-20 所示，则式（1-5）中应冠以负号，即

$$i = -Gu \qquad (1-6)$$

由式（1-3）可见，在阻值不等于零且不等于无限大的电阻上，电流与电压是同时存在、同时消失的，或者说在这样的电阻上，t 时刻的电压（或电流）只决定于 t 时刻的电流（或电压）。这说明电阻上的电压（或电流）不能记忆电阻上的电流（或电压）在"历史"上（t 时刻以前）所起过的作用。所以说电阻是无记忆性元件，又称即时元件。

1.3.2　电阻元件消耗的能量

由上述公式可得电阻的吸收功率为

$$p = ui = Ri \times i = Ri^2 \qquad (1-7)$$

$$p = ui = u\frac{u}{R} = \frac{u^2}{R} \qquad (1-8)$$

同理可得，用电导 G 表示的吸收功率为

$$p = Gu^2 \qquad (1-9)$$

$$p = \frac{i^2}{G} \qquad\qquad (1\text{-}10)$$

由式（1-7）～式（1-10）可见，对电阻值（或电导值）为正的电阻来说，它的吸收功率总是大于零，即总是耗能。

电阻（或其他电路元器件）吸收的能量与时间区间相关。若在 $t_0 \sim t$ 区间内电阻吸收的能量为 $w(t)$，则该能量应等于从 t_0 到 t 对电阻的吸收功率 $p(t)$ 的积分，即

$$w(t) = \int_{t_0}^{t} p(\xi)\mathrm{d}\xi$$

式中，为避免积分上限 t 与积分变量 t 相混淆，故将积分变量换为 ξ。

联系电阻的吸收功率与其电压、电流的关系，得

$$w(t) = \int_{t_0}^{t} Ri^2(\xi)\mathrm{d}\xi$$

$$w(t) = \int_{t_0}^{t} \frac{u^2(\xi)}{R}\mathrm{d}\xi$$

我们把满足 $w(t) = \int_{-\infty}^{t} p(\xi)\mathrm{d}\xi \geqslant 0$ 条件的元件称为无源元件，故电阻是无源元件。

功率的计算是电路分析中的一项重要内容，对理想电阻元件来说，功率数值的范围不受限制，但实际中任何一个电阻元件在使用时功率都不得超过所标注的额定功率，否则会烧坏电阻元件。因此各种电气设备，如电灯、电炉等都规定了额定功率、额定电压、额定电流，在使用时实际值不得超过额定值，以保证电气设备安全工作。由于功率、电压和电流之间有一定的关系，故一般不会全部给出。例如，白炽灯只给出额定电压和额定功率（如 220V、40W），电阻只给出电阻值和额定功率（如 1kΩ、1/2W）。各种电气设备的额定值一般都标注在产品的铭牌上。

例 1.5　阻值为 2Ω 的电阻上的电压、电流参考方向关联，已知电阻上的电压 $u(t) = 4\cos t\ \mathrm{V}$，求电阻上的电流 $i(t)$ 和吸收功率 $p(t)$。

解：因为电阻上的电压、电流参考方向关联，所以电阻上的电流和吸收的功率分别为

$$i(t) = \frac{u(t)}{R} = \frac{4\cos t}{2}\mathrm{A} = 2\cos t\ \mathrm{A}$$

$$p(t) = Ri^2(t) = 2(2\cos t)^2\ \mathrm{W} = 8\cos^2 t\ \mathrm{W}$$

例 1.6　某学校有 5 间大教室，每间大教室配有 16 个额定功率为 40W、额定电压为 220V 的荧光灯，平均每天用 4h，问每月（按 30 天计算）该校 5 间大教室共用电多少 kW·h？

解：kW·h 读作千瓦·时，是计量电能的一种单位。1000W 的用电器具加电使用 1h，所消耗的电能为 1kW·h，即日常生活中所说的 1 度电。有了这一概念，计算本问题就是易事。

$$w = pt = 40 \times 16 \times 5 \times 4 \times 30\ \mathrm{W·h} = 384\,000\ \mathrm{W·h} = 384\ \mathrm{kW·h}$$

【思考与练习 1.3】

1-6　有一个 100Ω、$\frac{1}{4}$W 的碳膜电阻，当其使用在直流电路中时电流不得超过多少？其能否接在 50V 的电源上使用？

1-7　一个 1kΩ 的电阻的吸收功率为 $10\sin^2 314t\,\mathrm{W}$，求流过该电阻的电流和该电阻两端的电压。

1-8 在图 1-21（a）中，$U=2V$，$I=-3A$，求功率 P，并指出该元件是吸收功率还是释放功率。在图 1-21（b）中情况又是怎样的？

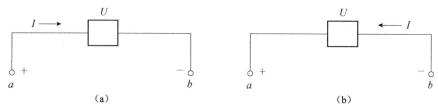

图 1-21 练习题 1-8 用图

1-9 在如图 1-22 所示的电路中，电压与电流的参考方向已经指定，并且已知 $U_1 = 3V$，$U_2 = 1V$，$U_3 = 2V$，$U_4 = -2V$，$I_1 = 2A$，$I_2 = -3A$，$I_3 = -3A$，计算每个元件上的功率，并说明这些元件是产生功率还是吸收功率。

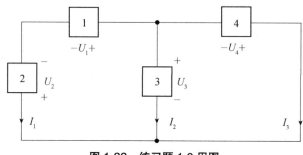

图 1-22 练习题 1-9 用图

1.4 理想电源

电源是电路中提供能量的元件，只有电阻而没有电源的电路中不可能存在电流，也就不会有能量的转换发生。能将其他形式的能量转换成电能的装置，称为有源元件。本节介绍有源元件的两种电路模型。

1.4.1 理想电压源

理想电压源是一个二端元件，其端电压在任意瞬间与通过它的电流无关。理想电压源模型如图 1-23 所示。理想电压源有如下特点。

（1）在任意时刻 t，理想电压源的端电压与输出电流的关系曲线（伏安特性曲线）是平行于 i 轴、值为 $u_s(t_1)$ 的直线，如图 1-24 所示。

（2）由理想电压源的伏安特性曲线可进一步看出，理想电压源的端电压与流经它的电流的大小、方向无关，即使流经它的电流为无穷大，其端电压仍为 $u_s(t_1)$（对 t_1 时刻），即 $u(t) = u_s(t)$。当 $u_s(t)$ 为常数时，就称该理想电压源为直流电压源。若理想电压源的端电压 $u_s(t)=0$，则其伏安特性曲线与 i-u 平面上的 i 轴重合，相当于短路。

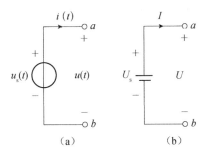

图 1-23　理想电压源模型

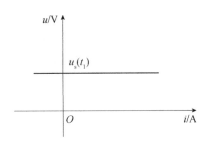

图 1-24　理想电压源的伏安特性曲线

（3）理想电压源的端电压由其自身决定，而流经它的电流由其自身与其外部电路共同决定，或者说其输出电流随外部电路变化而变化。例如，一个端电压为 10V 的理想电压源，当它和任意外部电路相连接时，不论流过它的电流是多少，其端电压总保持为 10V。电流可以从不同的方向流过理想电压源，因此理想电压源可以为电路提供能量（起电源作用），也可以从外部电路接收能量（当作其他电源的负载），这由流经理想电压源的电流的实际方向决定。从理论上讲，在极端情况下，理想电压源可以供出无穷大能量，也可以吸收无穷大能量。

理想电压源是不允许短路的。另外，理想电压源实际上是不存在的，但是常用的电池、发电机等实际电源在一定电流范围内可以近似地看作理想电压源，也可以用理想电压源与电阻元件来构成实际电源的模型。

一般来说，理想电压源是作为产生功率的元件出现在电路中的，但是有时也可能作为吸收功率的负载出现在电路中。可以根据理想电压源电压、电流的参考方向，应用功率计算公式计算出功率值，从而判定理想电压源是产生功率还是吸收功率。

1.4.2　理想电流源

理想电流源是另一种理想电源。如果一个二端元件接入任意电路后，由该元件流入电路的电流总能保持为规定的值 $i_s(t)$，而与其端电压无关，则称此二端元件为理想电流源。理想电流源模型如图 1-25 所示。理想电流源有如下特点。

（1）在任意时刻 t_1，理想电流源的伏安特性曲线是平行于 u 轴、值为 $i_s(t_1)$ 的直线，如图 1-26 所示。

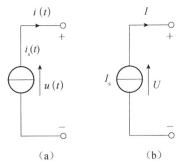

图 1-25　理想电流源模型

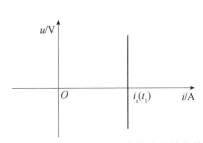

图 1-26　理想电流源的伏安特性曲线

（2）由理想电流源的伏安特性曲线可进一步看出，理想电流源的输出电流与其端电压的大小、方向无关，即使其端电压为无穷大，其输出电流也为 $i_s(t)$。例如，当一个 5A 的理想电流源两端接一个 10Ω 的电阻时，流过 10Ω 电阻的电流为 5A；当它两端接一个 100Ω 的电阻时，流过 100Ω 电阻的电流仍然为 5A。如果理想电流源的 $i_s(t)=0$，则其伏安特性曲线与 $i\text{-}u$ 平面上的 u 轴重合，相当于开路。

（3）理想电流源的输出电流由其自身决定，而其端电压由其自身与其外部电路共同决定。

理想电流源保持规定的输出电流，当外接的电阻很大时，它可以有非常高的输出电压。在极限情况下，理想电流源也可以提供无限大的功率，是一个无限大的功率源。理想电流源实际上是不存在的，但晶体三极管集电极的电流条件接近于理想电流源的电流条件，在进行电路分析时，可以用它来模拟理想电流源。

和理想电压源一样，理想电流源有时在电路中产生功率，有时从电路中吸收功率。同样，可根据其电压、电流的参考方向及电压与电流乘积的正负来判定理想电流源是产生功率还是吸收功率。

例 1.7　在如图 1-27 所示的电路中，求：（1）电阻两端的电压；（2）1A 电流源两端的电压及功率。

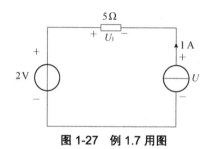

图 1-27　例 1.7 用图

解：（1）由于 1A 电流源为理想电流源，因此流过 5Ω 电阻的电流就是 1A，而与 2V 电压源无关，即

$$U_1 = 5\Omega \times 1A = 5V$$

（2）1A 电流源两端的电压包括 5Ω 电阻上的电压和 2V 电压源的电压，因此

$$U = U_1 + 2V = 5V + 2V = 7V$$

因为 1A 电流源的电流与其端电压的参考方向非关联，故

$$P = 1A \times 7V = 7W（产生功率）$$

【思考与练习 1.4】

1-10　求如图 1-28 所示的电路中的 I_s 及 U。

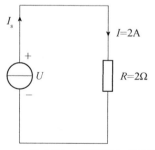

图 1-28　练习题 1-10 用图

1-11　如图 1-29 所示，各电路中的电源对外部是产生功率还是吸收功率？其功率各为多少？

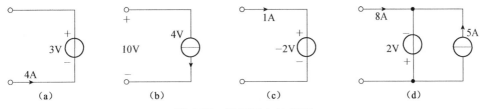

图 1-29　练习题 1-11 用图

1-12　求如图 1-30 所示的各电路中理想电压源上流过的电流和它产生的功率。

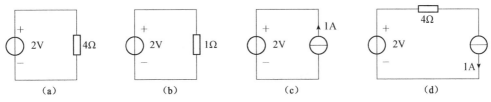

图 1-30　练习题 1-12 用图

1-13　如图 1-31 所示，A 部分电路为理想电压源，U_s=6V；B 部分电路为理想电压源的外部电路，可以改变。电流 I、电压 U 的参考方向已经标出。求：

（1）$R \to \infty$ 时的电压 U、电流 I，以及理想电压源产生的功率 P_s；

（2）$R=6\Omega$ 时的电压 U、电流 I，以及理想电压源产生的功率 P_s；

（3）$R=0$ 时的电压 U、电流 I，以及理想电压源产生的功率 P_s。

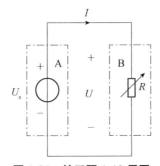

图 1-31　练习题 1-13 用图

1.5　电路的工作状态和基尔霍夫定律

电源与负载连接，根据所连接负载的情况不同，电路有几种不同的工作状态。本节以简单直流电路为例分别讨论电路在开路、短路和额定工作状态时的一些特征。

基尔霍夫定律是分析一切集总参数电路的根本依据，一些重要的电路定理、有效的分析方法都是以基尔霍夫定律为基础推导、证明、归纳、总结得出的，其无疑是电路理论中重要的基本概念。

本节先介绍电路的工作状态，再介绍基尔霍夫定律。

1.5.1　开路

开路状态也称为断路状态，开路时电源和负载未构成通路，负载上电流为零，电源空载，不输出功率。这时电源的端电压称为开路电压，用 U_{oc} 表示。

根据理想电压源在开路时 $I=0$、$U_{oc}=U_s$ 的特点，在实际工作中可以方便地借助电压表来寻找电路中的断开点。

如图 1-32 所示，当电流表的读数为零时，说明电路中有断开点。首先将电压表接在理想电压源两端，即图 1-32 中的 a、e 两点（在直流电路中要注意电压表的极性不要接反），电压表有读数，为 U_s；然后把电压表的一端从 a 点移开，分别测量 b、c、d 各点与 e 点间的电压。若 b、e 两点间有电压 U_s，则说明 ab 段是连通的，这是因为只有在 ab 段连通的情况下，才有可能在电路中电流为零时存在 $U_{be}=U_s$。若 c、e 两点间电压为零，则可判定断开点在 b、c 之间，因为只有当 b、c 之间有断开点时，c、e 两点的电位才相等，即 $U_{ce}=0$，电压表读数为零。若 U_{ce} 仍为 U_s，则表明 bc 段是连通的，依次测量下去，便可找出断开点。

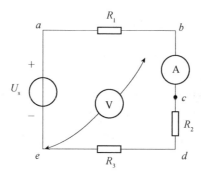

图 1-32　用电压表确定电路的断路点

1.5.2　短路

短路状态指的是电源两端由于某种原因而短接在一起的状态。短路时相当于负载电阻为零，电源的端电压为零，不输出功率。

短路时电源的输出电流称为短路电流，用 I_{sc} 表示。对于实际电源，因为其内阻 R_s 一般都很小，所以其短路电流 $I_{sc}=U_s/R_s$ 将很大，会使电源发热以致损坏。所以在实际工作中应经常检查电气设备和线路的绝缘情况，以防止发生电源短路故障。此外，通常还在电路中接入熔断器等保护装置，以便在发生短路故障时能迅速切断电源，达到保护电源及电路元器件的目的。

1.5.3　额定工作状态

电源在接有一定负载时将输出一定大小的电流和功率。通常情况下，负载是并联在电源上的，因为电源的输出电压基本不变，所以负载的端电压也基本不变，并联的负载越多，电源输出的电流就越大。

任何电气设备都有一定的电压、电流和功率限额，通常产品的铭牌上都标有其额定值，电气设备在额定值条件下工作的状态称为额定工作状态。

电源设备的额定值一般包括额定电压 U_N、额定电流 I_N 和额定容量 S_N。其中，U_N 和 I_N 是指电源设备安全运行所规定的电压和电流；额定容量 $S_N = U_N I_N$，表征电源最大允许输出功率。电源设备在工作时不一定总是输出规定的最大允许电流和功率，输出值还取决于所连接的负载。

负载的额定值一般包括额定电压 U_N、额定电流 I_N 和额定功率 P_N。对于电阻性负载，由于这三者与电阻值 R 之间具有一定的关系，所以它的额定值不一定全部标出，如白炽灯只标出额定电压和额定功率；碳膜电阻、金属膜电阻等只标出电阻值和额定功率，其他额定值可由相应公式计算得到。

应合理地使用电气设备，尽可能使它们在额定状态下工作，这样既安全可靠，又能充分发挥电气设备的作用。额定工作状态有时也称为满载，电气设备超过额定值工作称为过载。如果过载时间较长，则会大大缩短电气设备的使用寿命，在严重的情况下甚至会使电气设备损坏；如果使用时的实际电压、电流值比额定值小得多，电气设备就不能正常地工作或不能充分发挥其工作能力，这都是应该避免的。

1.5.4　与电路有关的名词术语

前文讨论了电阻、理想电压源和理想电流源的伏安关系，这一关系通常称为元件约束，它只表示二端元件本身的特性，而与整个电路的结构无关。但是当分析由若干元件构成的复杂电路时，还必须建立各个连接点上支路电流间的约束，以及任一回路中各支路电压间的约束。通常把这两种约束称为结构约束（或拓扑约束）。下面将要介绍的基尔霍夫电流定律与基尔霍夫电压定律就是表征结构约束的两个基本定律。

支路（branch）：电路中的每个分支都叫作支路。在如图 1-33 所示的电路中，abe、ace、ade 这 3 个分支都是支路。相同支路中流过的同一个电流称为支路电流，如图 1-33 中的 i_1、i_2、i_3。abe、ace 支路中含有源元件，称为有源支路；ade 支路中不含有源元件，称为无源支路。

节点（node）：两条或两条以上支路的连接点称为节点。为了方便，通常把三条或三条以上支路的连接点叫作节点。在如图 1-33 所示的电路中，a、e 两点称为节点，而 b、c、d 不称为节点。这样，支路也可看作连接两个节点的一个分支。

回路（loop）：电路中任一闭合路径都称为回路。在如图 1-33 所示的电路中，$abeca$、$abeda$ 都是回路，此电路中只有 3 个回路。

网孔（mesh）：回路平面内不含有其他支路的回路叫作网孔。在如图 1-33 所示的电路中，回路 $abeca$ 和 $aceda$ 都是网孔，而回路 $abeda$ 回路平面内含有 ace 支路，所以它不是网孔。

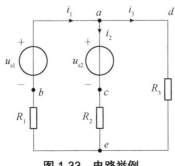

图 1-33　电路举例

网孔只有在平面电路中才有意义。所谓平面电路，是指当将该电路画在一个平面上时，不会出现互相交叉的支路。

网络（network）：由较多元件组成的电路叫作网络。至少含有一个电源的网络称为有源网络，不含任何电源的网络称为无源网络。一般网络和电路这两个名词没有严格的区分，可以通用。

1.5.5 基尔霍夫电流定律

1. 基尔霍夫电流定律的基本形式

基尔霍夫电流定律：在集总参数电路中，任一时刻流出（或流入）节点的各支路电流的代数和恒等于零，即 $\sum i = 0$，该式也称为基尔霍夫第一定律，简称 KCL。

KCL 是从实践中总结出来的一条重要的客观规律，它是电流连续性原理在集总参数电路中的表现形式。电流连续性原理是指在单位时间内电路的任一节点上流入的电荷必须等于流出的电荷，即电荷在任一节点上既不会积累也不会消失。

电路的分析与计算都是在事先指定参考方向的条件下进行的，参考方向确定之后在分析过程中不能随意改变。在如图 1-34 所示的电路中，若指定流入电流为正，则可写出 KCL 方程，即

$$i_1 + i_4 - i_2 - i_3 - i_5 = 0$$

通过移项可得

$$i_1 + i_4 = i_2 + i_3 + i_5$$

由此可见，也可按这样的方法写出 KCL 方程：流出节点的电流总和等于流入节点的电流总和，即

$$\sum i_{出} = \sum i_{入}$$

这就是 KCL 的另一种表示形式。

2. 基尔霍夫电流定律的推广形式

KCL 还可以推广应用到电路中任何一个假想的闭合面中，如图 1-35 所示，这种闭合面称为电路的广义节点。若指定流入闭合面的电流为正，则有

$$i_1 + i_2 - i_3 = 0$$

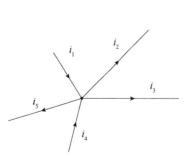

图 1-34　KCL 方程示意图

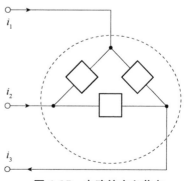

图 1-35　电路的广义节点

例 1.8　在如图 1-36 所示的电路中，已知 $i_1 = 2A$，$i_2 = 1A$，$i_3 = -4A$，$i_4 = 3A$，试求其他各支路电流。

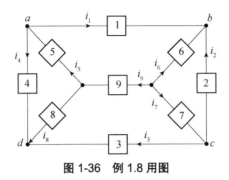

图 1-36　例 1.8 用图

解：电路中各支路电流的参考方向已在图 1-36 中标出。

在节点 a 处，利用 KCL 得

$$i_5 = i_1 + i_4 = (2+3)A = 5A$$

对广义节点，利用 KCL 得

$$i_9 = i_1 - i_3 = [2-(-4)]A = 6A$$

在节点 b 处，有

$$i_6 = -(i_1 + i_2) = -(2+1)A = -3A$$

在节点 c 处，有

$$i_7 = i_2 + i_3 = (1-4)A = -3A$$

在节点 d 处，有

$$i_8 = -(i_3 + i_4) = -(-4+3)A = 1A$$

1.5.6　基尔霍夫电压定律

1. 基尔霍夫电压定律的基本形式

基尔霍夫电压定律：在集总参数电路中，在任一时刻沿任一回路方向回路中各支路电压降代数和恒等于零，即 $\sum u = 0$，该式也称为基尔霍夫第二定律，简称 KVL。

KVL 实质上是电压单值性的表现，是能量守恒原理和电荷守恒原理运用于集总参数电路的结果。电压单值性是指电路中任意两点间的电压值与计算路径无关。

在建立 KVL 方程时，必须先任意选定一个回路电压参考方向，并在电路中标明。当支路电压参考方向与回路电压参考方向一致时，该支路电压取正，反之取负。如图 1-37 所示，对回路 $abcda$ 写出 KVL 方程，即

$$u_1 + u_2 - u_3 - u_4 = 0$$

2. 基尔霍夫电压定律的推广形式

KVL 不仅适用于由实际元件构成的电路，还可以推广应用于假想的闭合电路。如图 1-37 所示，假想在 a、c 两点间接有一条支路，于是就出现两个假想回路，当选择回路电压参考方向分别为 $abca$ 和 $acda$ 时，其 KVL 方程为

$$u_1 + u_2 - u_{ac} = 0 , \quad u_{ac} - u_3 - u_4 = 0$$

通过移项可得

$$u_{ac} = u_1 + u_2 , \quad u_{ac} = u_3 + u_4$$

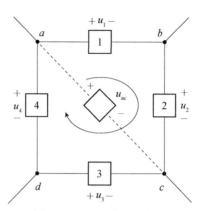

图 1-37　KVL 方程示意图

由此可见，a、c 两点间的电压可按 $abca$ 回路计算，也可按 $adca$ 回路计算，电路中两点间的电压与计算路径无关。

结论：在求解电路中两点间的电压时，可以在该两点间选择任意路径，写出该路径上的电压降之和即可。

KCL 只限定每个节点上流入和流出的电流必须相等，KVL 只限定任一闭合回路中各支路电压降的代数和必须为零，它们都没有涉及各支路元件的性质，因此与元件的性质无关，即无论是在线性电路中还是在非线性电路中，这两个定律都适用。

例 1.9　图 1-38（a）所示为一条有源支路，设 U_{s1}、U_{s2} 及 R 已知。

（1）根据电路写出 U 和 I 的表达式；

（2）若 U 的参考方向与图示相反，重写 U 和 I 的表达式。

解：

（1）由图 1-38（a）可得

$$U = U_{ab} = U_{ac} + U_{cd} + U_{db} = U_{s1} + RI - U_{s2}$$

$$I = \frac{U_{ab} + U_{s2} - U_{s1}}{R}$$

（2）U 的参考方向改变后，如图 1-38（b）所示，有

$$U = U_{ba} = U_{s2} - IR - U_{s1}$$

$$I = \frac{U_{s2} - U_{s1} + U_{ab}}{R}$$

例 1.10　图 1-39 所示为某电路中的一个回路，通过 a、b、c、d 四个节点与电路的其他部分相连接，求电阻 R 的大小。

解：先根据 KCL 求出图 1-39 中的未知电流，即

$$I_{bd} = 2A + (-6A) = -4A , \quad I_{dc} = I_{bd} + 1A = -4A + 1A = -3A$$

再根据 KVL 求出未知电阻上的电压，即

$$U_{bd} = -1\Omega \times 2A - 10V + 5\Omega \times (-2A) + 6V - 1\Omega \times (-3A) = -13V$$

从而可求出电阻值，即

$$R = \frac{U_{bd}}{I_{bd}} = \frac{13}{4}\Omega$$

需要说明的是，图 1-39 中虽然未标出电阻上的电流和电压的参考方向，但在解题过程中用 I_{bd} 和 U_{bd} 的下标表明了电压和电流的参考方向。

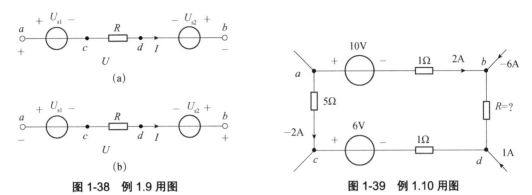

图 1-38　例 1.9 用图　　　　　图 1-39　例 1.10 用图

【思考与练习 1.5】

1-14　电路如图 1-40 所示，求：（1）图 1-40（a）中的 I；（2）图 1-40（b）各支路中未知的电流；（3）图 1-40（c）中的 U_1、U_2 和 U_3。

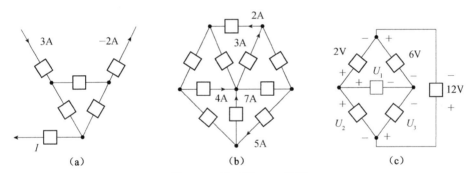

图 1-40　练习题 1-14 用图

1-15　电路如图 1-41 所示，求各支路中的电压 U。

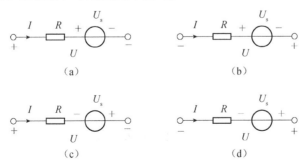

图 1-41　练习题 1-15 用图

1-16　电路如图 1-42 所示，计算当 K 打开及闭合时的 U_a、U_b 及 U_{ab}。

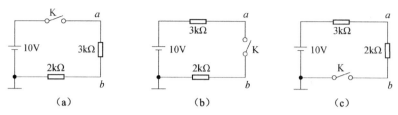

（a）　　　　　　　　　（b）　　　　　　　　　（c）

图 1-42　练习题 1-16 用图

1-17　电路如图 1-43 所示，求 U_x、I_x 和电压源电流、电流源电压。

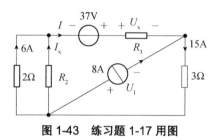

图 1-43　练习题 1-17 用图

1.6　电路等效

等效变换分析法是电路分析中常用的一种方法，它可以将一个复杂的电路经一次或多次等效变换，化简为一个单回路或单节点的电路。这样只需列写一个 KVL 方程或一个 KCL 方程便可以求解电路，从而避免了列方程组和解方程组的烦琐过程。

本节的主要内容是介绍等效的概念，以及等效变换分析法在电路分析中的应用。

1.6.1　电路等效的一般概念

凡是对外只有两个端子的电路均称为二端网络或单口网络。如图 1-44 所示，两个二端网络分别为 N_1 和 N_2，若它们的端口 VAR（电压电流关系）完全相同，则二端网络 N_1 和 N_2 对其端口外部（外部电路）而言是等效的，它们的内部结构、元件参数可以完全不同，但它们对外部电路的作用完全相同。在电路分析中，若将 N_1 与 N_2 互换，则互换前后与它们连接的相同的任意外部电路中的电压、电流和功率分布不变。

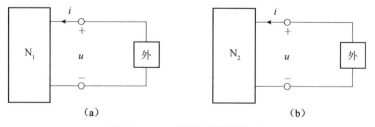

（a）　　　　　　　　　　　　　　　（b）

图 1-44　二端网络的等效概念

二端网络是仅由电阻元件或由电阻元件与受控源组成的网络。它可用一个等效电阻 R_0 作为其等效电路，R_0 可通过二端网络的端口 VAR 求得。对于纯电阻电路，也可通过网络内部电阻的串、并联等效直接求得。

1.6.2　串联电阻电路

对于如图 1-45（a）、（b）所示的两个二端网络 N_1 和 N_2，它们的端口 VAR 分别为

$$u = (R_1 + R_2)i \tag{1-11}$$

$$u = Ri \tag{1-12}$$

比较式（1-11）和式（1-12）可知，当 $R = R_1 + R_2$ 时，二端网络 N_1 与 N_2 等效，$R = R_1 + R_2$ 称为 N_1 与 N_2 的等效条件，R 称为等效电阻。

一般地，对于如图 1-45（c）所示的 n 个电阻串联电路，其最简单的等效电路如图 1-45（d）所示，其中等效电阻为

$$R = R_1 + R_2 + \cdots + R_n = \sum_{k=1}^{n} R_k \tag{1-13}$$

如果已知端口电压为 u，则在如图 1-45（c）所示的参考方向下，分配到第 k 个电阻上的电压为

$$u_k = \frac{R_k}{R} u = \frac{R_k}{\sum\limits_{k-1}^{n} R_k} u \tag{1-14}$$

式中，$k=1,2,3,\cdots,n$。

由式（1-14）可知，串联电阻电路中各电阻上电压值与其电阻值成正比。

电路吸收的总功率为

$$p = ui = (u_1 + u_2 + \cdots + u_n)i = p_1 + p_2 + \cdots + p_n = \sum_{k-1}^{n} p_k \tag{1-15}$$

即当电阻串联时，电路吸收的总功率等于各电阻吸收的功率之和。

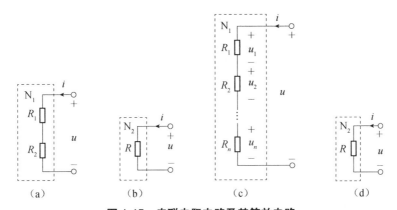

图 1-45　串联电阻电路及其等效电路

1.6.3　并联电阻电路

对于如图 1-46（a）、（b）所示的两个二端网络 N_1 与 N_2，它们的端口 VAR 分别为

$$i = (G_1 + G_2)u \tag{1-16}$$

$$i = Gu \tag{1-17}$$

比较式（1-16）和式（1-17）可知，N_1 与 N_2 的等效条件为

$$G = G_1 + G_2$$

式中，G 为 G_1 与 G_2 并联的等效电导。

一般地，对于如图 1-46（c）所示的 n 个电阻并联电路，其等效电路如图 1-46（d）所示，其中等效电导为

$$G = G_1 + G_2 + \cdots + G_n = \sum_{k-1}^{n} G_k \qquad (1\text{-}18)$$

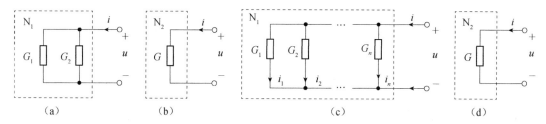

图 1-46　并联电阻电路及其等效电路

如果已知端口电流 i，则在如图 1-46（c）所示的参考方向下，分配到第 k 个电阻上的电流为

$$i_k = \frac{G_k}{G} i = \frac{G_k}{\displaystyle\sum_{k-1}^{n} G_k} \qquad (1\text{-}19)$$

由式（1-19）可知，并联电阻电路中各电阻上分配到的电流与其电导值的大小成正比。若用电阻值而不用电导值来表示电阻并联时的关系，则有

$$i_1 = \frac{R_2}{R_1 + R_2} i$$

$$i_2 = \frac{R_1}{R_1 + R_2} i$$

并联电阻的分电流与电阻值成反比，即电阻值大者分得的电流小。如果已知并联电阻电路中某一电阻上的分电流，则可应用欧姆定律及 KCL 方便地求出总电流。

并联电阻电路的功率关系：并联电阻电路吸收的总功率等于相并联的各电阻吸收的功率，电阻值大者吸收的功率小。

1.6.4　混联电阻电路

既有串联电阻又有并联电阻的电路称为混联电阻电路。混联电阻电路等效电阻的计算一般可用电阻的串、并联等效化简逐步完成，即根据指定的两个端子判断电阻之间有无串、并联关系。若有，则先进行这部分电阻的串、并联等效化简，再判断各局部等效电阻的串、并联关系，如此继续下去，直到最后求得对应于指定端子的等效电阻。

判别混联电阻电路的串、并联关系一般应掌握 3 点：①电路的结构特点；②电压、电流的关系；③对电路进行等效化简。

例 1.11　对如图 1-47 所示由表头与电阻串联组成的多量程电压表电路，已知表头内阻 $R_1 = 1\text{k}\Omega$，各挡分压电阻分别为 $R_2 = 9\text{k}\Omega$，$R_3 = 90\text{k}\Omega$，$R_4 = 900\text{k}\Omega$。这个多量程电压表的最大量程（用"0""4"端测量，"1""2""3"端均断开）为 500V。试计算表头所允许通过的

最大电流及其他量程的电压值。

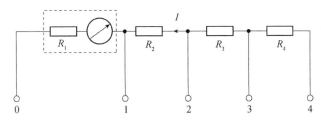

图 1-47　多量程电压表电路

解：当用"0""4"端测量时，多量程电压表的总电阻为（这时所测的电压恰为 500V，表头也达到满量程，流过表头的电流为最大电流）

$$R = R_1 + R_2 + R_3 + R_4 = 1\text{k}\Omega + 9\text{k}\Omega + 90\text{k}\Omega + 900\text{k}\Omega = 1000\text{k}\Omega$$

若此时所测电压恰好为 500V（这时表头达到满量程），则通过表头的最大电流为

$$I = \frac{U_{40}}{1000\text{k}\Omega} = \frac{500\text{V}}{1000\text{k}\Omega} = 0.5\text{mA}$$

当开关在"1"挡（"2""3""4"端断开）时，有

$$U_{10} = R_1 I = 1\text{k}\Omega \times 0.5\text{mA} = 0.5\text{V}$$

当开关在"2"挡（"1""3""4"端断开）时，有

$$U_{20} = (R_1 + R_2) I = (1 + 9)\text{k}\Omega \times 0.5\text{mA} = 5\text{V}$$

当开关在"3"挡（"1""2""4"端断开）时，有

$$U_{30} = (R_1 + R_2 + R_3) I = (1 + 9 + 90)\text{k}\Omega \times 0.5\text{mA} = 50\text{V}$$

由此可见，直接利用该表头测量电压，它只能测量 0.5V 以下的电压，而串联了分压电阻以后，作为多量程电压表，它就有 0.5V、5V、50V、500V 这 4 个量程，实现了电压表的量程扩展。

例 1.12　电路如图 1-48（a）所示，求等效电阻 R_{ab}、R_{ac} 和 R_{bc}。

解：将图 1-48（a）中的电阻逐步进行串、并联等效化简，分别得到图 1-48（b）、（c）和（d），显然等效电阻为

$$R_{ab} = \frac{5 \times (4 + 1)}{5 + (4 + 1)} \Omega = 2.5\Omega$$

$$R_{ac} = \frac{4 \times (5 + 1)}{4 + (5 + 1)} \Omega = 2.4\Omega$$

$$R_{bc} = \frac{1 \times (4 + 5)}{1 + (4 + 5)} \Omega = 0.9\Omega$$

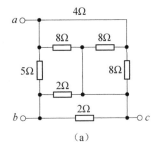 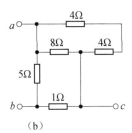 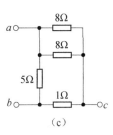 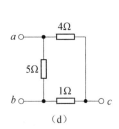

（a）　　　　　　　（b）　　　　　　　（c）　　　　　　　（d）

图 1-48　例 1.12 用图

1.6.5 理想电源的串联与并联

1. 理想电压源串联

当电路中有多个理想电压源串联时，等效理想电压源的端电压等于相串联的理想电压源端电压的代数和，如图 1-49 所示，即

$$u_s = u_{s1} \pm u_{s2}$$

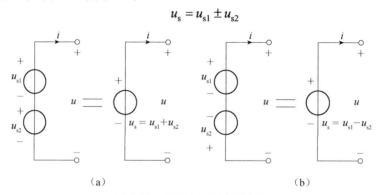

（a）   （b）

图 1-49　理想电压源串联电路

2. 理想电流源并联

当电路中有多个理想电流源并联时，等效理想电流源的输出电流等于相并联的理想电流源输出电流的代数和，即

$$i_s = i_{s1} \pm i_{s2}$$

在进行等效化简时，请注意理想电流源输出电流的方向，若与等效理想电流源输出电流的方向相同，则取正，否则取负，如图 1-50 所示。

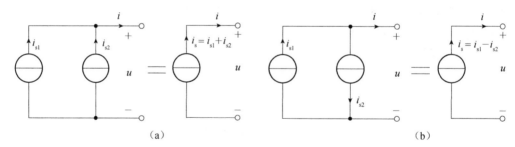

（a）   （b）

图 1-50　理想电流源并联电路

3. 任意电路元件（包括理想电流源）与理想电压源并联

如图 1-51（a）所示，电路端口 VAR 为 $u=u_s$，对所有电流 i 均成立，该电路可用如图 1-51（b）所示的电路等效，即理想电压源与任意电路元件（包括理想电流源）并联可以等效为一个电压源，此时与理想电压源并联的元件被视为多余元件。这是因为端口电压总是等于理想电压源电压，任意电路元件的存在与否不影响端口电压的大小。等效只是对端口而言的，而理想电压源的电流值是有所改变的，也就是说图 1-51（a）、（b）中的理想电压源不是同一个理想电压源。

关于理想电压源与理想电压源的并联，必须在满足大小相等、方向相同这一条件下方可进行，其等效理想电压源的电压就是其中任一个理想电压源的电压。

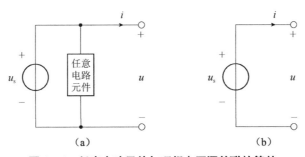

图 1-51　任意电路元件与理想电压源并联的等效

4. 任意电路元件（包括理想电压源）与理想电流源串联

如图 1-52 所示，任意电路元件（包括理想电压源）与理想电流源串联等效前后，端口的 VAR 并未改变，仍为 $i = i_s$，即理想电流源与任意电路元件串联可以等效为一个电流源。例如，在图 1-52 中外接一个 2Ω 的电阻，不论是接在图 1-52（a）中，还是接在图 1-52（b）中，结果都一样，$u = -2i$。

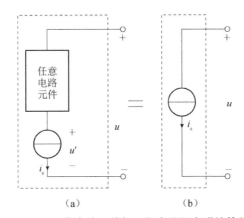

图 1-52　任意电路元件与理想电流源串联的等效

需要强调的是，我们所说的等效都是指端钮上的等效，内部并不等效。

例 1.13　电路如图 1-53 所示，求：（1）图 1-53（a）中的电流 i；（2）图 1-53（b）中的电压 u；（3）图 1-35（c）中 R 上消耗的功率 P_R。

解：（1）将图 1-53（a）中虚线框内部分等效为一个理想电压源，如图 1-53（d）所示。由图 1-53（d）得

$$i = \frac{10\text{V}}{10\Omega} = 1\text{A}$$

（2）将图 1-53（b）中虚线框内部分等效为一个理想电流源，如图 1-53（e）所示。由图 1-53（e）得

$$u = 2\text{A} \times 10\Omega = 20\text{V}$$

（3）将图 1-53（c）中虚线框内部分等效为一个理想电流源，如图 1-53（f）所示。在图 1-53（f）中，应用并联分流公式（注意分流两次），得

$$i = \left[\frac{6}{6 + \left(3 + \dfrac{4 \times 4}{4 + 4} + 1\right)} \times 4 \right]\text{A} = 2\text{A}$$

$$i_R = \frac{4}{4+4} \times i = \left(\frac{1}{2} \times 2\right) \text{A} = 1\text{A}$$

电阻 R 上消耗的功率为

$$P_R = Ri_R^2 = (4 \times 1^2)\text{W} = 4\text{W}$$

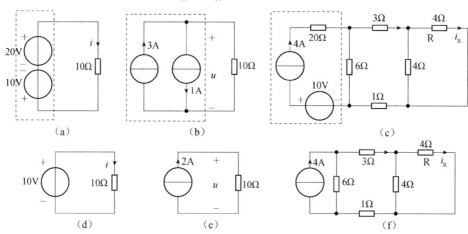

图 1-53　例 1.13 用图

【思考与练习 1.6】

1-18　电路如图 1-54 所示，已知：U_s=6V，R_1=3Ω，R_2=6Ω，R_3=12Ω，R_4=4Ω。试求：（1）当开关 K 打开时，理想电压源供出的电流和开关 K 的端电压；（2）当开关 K 闭合时，理想电压源供出的电流和通过开关 K 的电流。

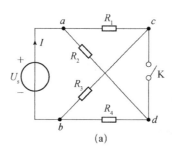

图 1-54　练习题 1-18 用图

1-19　求如图 1-55 所示的电路中 ab 端的等效电阻。

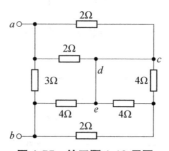

图 1-55　练习题 1-19 用图

1-20　求如图 1-56 所示的各电路中的等效电阻 R_{ab}，其中图 1-56（e）要在开关 K 打开和闭合两种情况下计算。

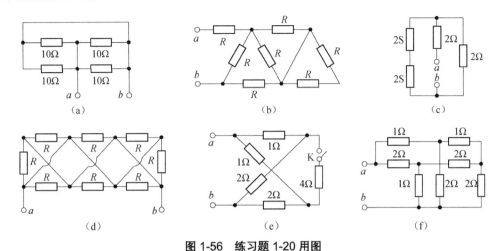

图 1-56　练习题 1-20 用图

1.7　实际电源的模型及其等效变换

1.4 节介绍了理想电压源和理想电流源，两者都是对实际电源的抽象。但是，若直接用这两种元件来表示实际电源，则与实际情况有较大偏差。任何实际电源的端电压都或多或少地随负载电流的增大而减小，但理想电压源的端电压是恒定的。故当需要尽量准确地表示实际电源时，可以用几种元件的组合，如理想电压源与电阻串联的模型和理想电流源与电阻并联的模型，来作为实际电源的模型。

1.7.1　实际电源的电压源模型

实际电源在工作时端电压随负载电流的增大而减小，这一现象可由一个理想电压源与电阻串联作为模型，如图 1-57（a）所示，这种模型常被称为实际电源的电压源模型。

U_s 的数值等于实际电源不接负载时的端电压，即开路电压，用 U_{oc} 表示，$U_{oc}=U_s$。R_s 为实际电源的内阻，即输出电阻。该电路的端口 VAR 为

$$U = U_s - R_s I$$

该模型的伏安特性曲线如图 1-57（b）所示，为一下倾的直线，在某一电流 I 时，斜线上方为内阻压降，斜线下方为输出端电压。当 $I=0$，即开路时，有最大输出电压，称为开路电压，用 U_{oc} 表示，此时 $U_{oc}=U_s$，是斜线与纵轴的交点；当 $U=0$，即短路时，有最大输出电流，称为短路电流，用 I_{sc} 表示，此时 $I_{sc}=U_s/R_s$，是斜线与横轴的交点。当然，由于实际电源的内阻很小，短路电流很大，会使实际电源损坏，因此实际电源一般不允许短路。显然，实际电源的内阻 R_s 越小，其特性越接近理想电压源。

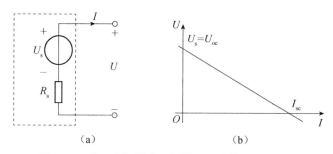

图 1-57 实际电源的电压源模型及其伏安特性曲线

1.7.2 实际电源的电流源模型

理想电流源实际上是不存在的。以光电池为例，由光激发产生的电流总有一部分在光电池内部流动，而不能全部外流。实际的电流源模型由一个理想电流源和一个电阻并联而成，如图 1-58（a）所示，其伏安特性曲线如图 1-58（b）所示，该电路的端口 VAR 为

$$I = I_s - \frac{U}{R_s} \tag{1-20}$$

由此可见，实际电源在工作时提供的电流随着负载电压的增大而减小。这一模型常被称为实际电源的电流源模型。

当实际电源输出端开路时，输出电流 $I=0$，端口电压为

$$U = U_{oc} = R_s I_s \tag{1-21}$$

当实际电源输出端短路时，端口电压 $U=0$，端口电流为

$$I = I_{sc} = I_s \tag{1-22}$$

比较式（1-21）和式（1-22）可知：

$$R_s = \frac{U_{oc}}{I_{sc}} \tag{1-23}$$

这样，只要测出实际电源端口的开路电压 U_{oc} 和短路电流 I_{sc}，便可以确定等效变换的电流源模型。

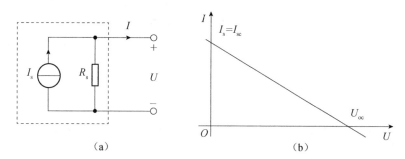

图 1-58 实际电源的电流源模型及其伏安特性曲线

1.7.3 电压源、电流源模型互相变换

电压源与电流源作为两种不同形式的电路模型，是可以相互变换的。由图 1-59（a）可知，$U = U_s - R_s I$，变换后为

$$I = \frac{U_\text{s}}{R_\text{s}} - \frac{U}{R_\text{s}} \qquad (1\text{-}24)$$

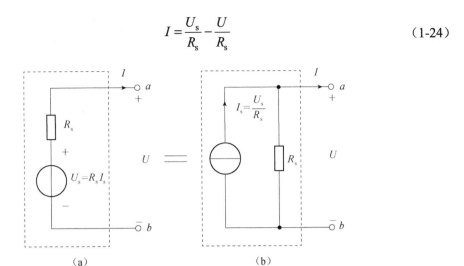

图 1-59　两种电源模型的等效变换

根据等效概念知道，由如图 1-59（a）所示的电压源模型等效变换为如图 1-59（b）所示的电流源模型的条件为

$$I_\text{s} = \frac{U_\text{s}}{R_\text{s}} \qquad (1\text{-}25)$$

反之，可将图 1-59（b）中的 $I = I_\text{s} - \dfrac{U}{R_\text{s}}$ 改写为 $U = R_\text{s} I_\text{s} - R_\text{s} I$。

根据等效概念知道，由如图 1-59（b）所示的电流源模型等效变换为如图 1-59（a）所示的电压源模型的条件为

$$U_\text{s} = R_\text{s} I_\text{s} \qquad (1\text{-}26)$$

例如，如图 1-60（a）所示的理想电压源与电阻串联的电路可等效变换为如图 1-60（b）所示的理想电流源与电阻并联的电路，反之亦然。

在应用电源等效变换方法分析电路时还应注意以下几点。

（1）在变换时应注意数值的相等关系和方向与极性的一致关系，如假设外电路开路，如图 1-60（a）、（b）所示，则图 1-60（a）的开路电压应与图 1-60（b）的开路电压在数值与极性上一致。

（2）有内阻的实际电源，它的电压源模型与电流源模型之间可以等效变换。理想电压源与理想电流源之间不便互换，原因是这两种理想电源的定义本身是相互矛盾的，二者不会具有相同的端口 VAR。

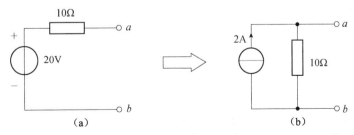

图 1-60　电压源与电流源的等效变换

（3）电源等效变换的方法可以推广运用，如果理想电压源与外接电阻串联，则可把外接电阻看作内阻，即可变换为电流源形式。如果理想电流源与外接电阻并联，则可把外接电阻看作内阻，即可变换为电压源形式。电源等效变换在推广应用中要特别注意等效端子。

例 1.14 将如图 1-61（a）所示的电路等效变换为电压源和电阻的串联组合。

解： 利用电源的串、并联和等效变换的方法，将如图 1-61（a）所示的电路按图 1-61（b）、（c）、（d）所示的顺序逐步化简，便可得到等效的电压源和电阻的串联组合，如图 1-61（d）所示。

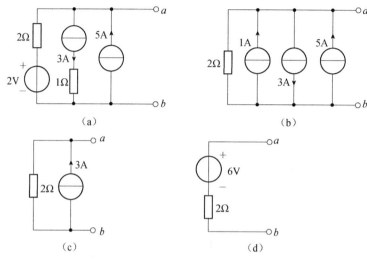

图 1-61 例 1.14 用图

例 1.15 电路如图 1-62（a）所示，求电流 I。

解： 首先应用任意电路元件与理想电压源并联可等效为一个电压源的等效变换原则将图 1-62（a）等效变换为图 1-62（b），然后应用理想电压源串联等效原则将图 1-62（b）等效变换为图 1-62（c），从而可得

$$I = \frac{66\text{V}}{(10+23)\Omega} = 2\text{A}$$

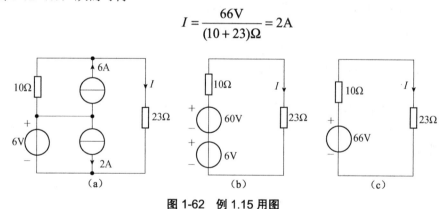

图 1-62 例 1.15 用图

【思考与练习 1.7】

1-21 将如图 1-63 所示的电路化简为一个理想电压源和电阻串联的组合。

1-22 试将如图 1-64 所示的电路化简为电流型电源。

1-23 试求如图 1-65 所示的电路的最简等效电路。

1-24 电路如图 1-66 所示，试求电压 U_{ab}。

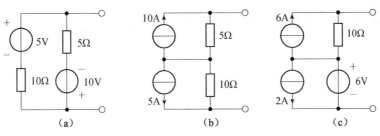

图 1-63　练习题 1-21 用图

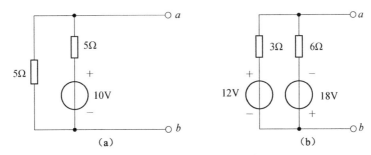

图 1-64　练习题 1-22 用图

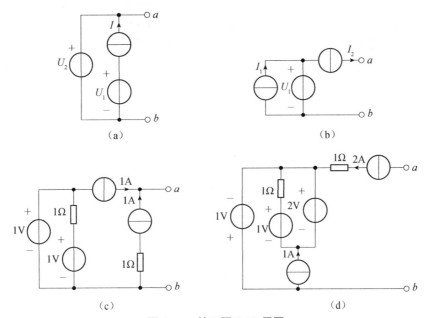

图 1-65　练习题 1-23 用图

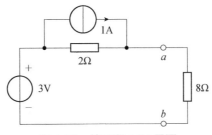

图 1-66　练习题 1-24 用图

1.8 电阻的星形与三角形连接及等效变换

在如图 1-67 所示的不平衡桥式电路中，电路中各电阻之间既非串联连接又非并联连接，在求等效电阻时，不能利用串、并联关系进行等效化简。

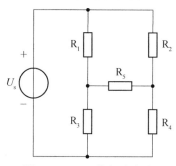

图 1-67 不平衡桥式电路

当 3 个电阻首尾相连，并且 3 个连接点又分别与电路的其他部分相连时，这 3 个电阻的连接关系称为三角形（△）连接。在如图 1-67 所示的电路中，电阻 R_1、R_2 和 R_5 之间的连接关系称为三角形连接，电阻 R_3、R_4 和 R_5 之间的连接关系也是三角形连接。

当 3 个电阻的一端接在公共节点上，而另一端分别接在电路的其他 3 个节点上时，这 3 个电阻的连接关系称为星形（Y）连接。在如图 1-67 所示的电路中，电阻 R_1、R_3 和 R_5 之间的连接关系称为星形连接，电阻 R_2、R_4 和 R_5 之间的连接关系也是星形连接。

这两种连接方式可以相互变换。在电路分析中，如果将 Y 连接等效变换为△连接或将△连接等效变换为 Y 连接，可以使电路变得简单、易于分析。

下面将推导出 Y 电路与△电路等效变换的条件。

1.8.1 △电路等效变换为 Y 电路

如图 1-68（a）所示，Y 电路的端口 VAR 为

$$\begin{cases} u_{13} = R_1 i_1 + R_3(i_1 + i_2) = (R_1 + R_3)i_1 + R_3 i_2 \\ u_{23} = R_2 i_2 + R_3(i_1 + i_2) = (R_2 + R_3)i_2 + R_3 i_1 \end{cases} \tag{1-27}$$

如图 1-68（b）所示，△电路的端口 VAR 为

$$\begin{cases} i_1 = \dfrac{u_{13}}{R_{13}} + \dfrac{u_{13} - u_{23}}{R_{12}} \\ i_2 = \dfrac{u_{23}}{R_{23}} + \dfrac{u_{23} - u_{13}}{R_{12}} \end{cases} \tag{1-28}$$

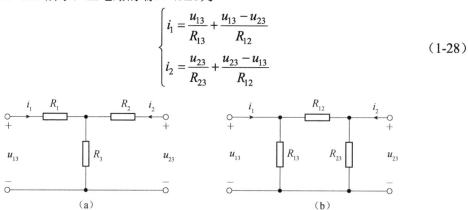

图 1-68 电路互换

将式（1-28）改写为

$$
\begin{cases}
u_{13} = \dfrac{R_{13}(R_{12}+R_{23})}{R_{12}+R_{13}+R_{23}}i_1 + \dfrac{R_{23}R_{13}}{R_{12}+R_{13}+R_{23}}i_2 \\[4mm]
u_{23} = \dfrac{R_{23}R_{13}}{R_{12}+R_{13}+R_{23}}i_1 + \dfrac{R_{23}(R_{12}+R_{13})}{R_{12}+R_{13}+R_{23}}i_2
\end{cases}
\tag{1-29}
$$

比较式（1-27）与式（1-29）可得，两个电路的等效条件为

$$
\begin{cases}
R_1 + R_3 = \dfrac{R_{13}(R_{12}+R_{23})}{R_{12}+R_{13}+R_{23}} \\[4mm]
R_3 = \dfrac{R_{13}R_{23}}{R_{12}+R_{13}+R_{23}} \\[4mm]
R_2 + R_3 = \dfrac{R_{23}(R_{12}+R_{13})}{R_{12}+R_{13}+R_{23}}
\end{cases}
\tag{1-30}
$$

由式（1-30）容易解得，由△电路等效变换为 Y 电路的公式为

$$
\begin{cases}
R_1 = \dfrac{R_{12}R_{13}}{R_{12}+R_{13}+R_{23}} \\[4mm]
R_2 = \dfrac{R_{12}R_{23}}{R_{12}+R_{13}+R_{23}} \\[4mm]
R_3 = \dfrac{R_{13}R_{23}}{R_{12}+R_{13}+R_{23}}
\end{cases}
\tag{1-31}
$$

1.8.2　Y 电路等效变换为△电路

所谓 Y 电路等效变换为△电路，是指已知 Y 电路中 3 个电阻的阻值 R_1、R_2、R_3，通过变换公式求出△电路中 3 个电阻的阻值 R_{12}、R_{23}、R_{13}，将其接成△去替换 Y 电路中的 3 个电阻，这就完成了 Y 电路等效变换为△电路的任务。

只需将式（1-30）中 R_1、R_2、R_3 看作已知量，将 R_{12}、R_{23}、R_{13} 看作未知量，便可得出 Y 电路等效变换为△电路的变换公式，即

$$
\begin{cases}
R_{12} = \dfrac{R_1R_2 + R_1R_3 + R_2R_3}{R_3} \\[4mm]
R_{23} = \dfrac{R_1R_2 + R_1R_3 + R_2R_3}{R_1} \\[4mm]
R_{13} = \dfrac{R_1R_2 + R_1R_3 + R_2R_3}{R_2}
\end{cases}
\tag{1-32}
$$

总之，为了便于记忆，总结出下面的文字公式：

$$
星形（Y）电阻 = \frac{三角形中相邻电阻之积}{三角形电阻之和}
$$

$$
三角形（\triangle）电阻 = \frac{星形中各电阻两两相乘积之和}{星形中另一端子所连电阻}
$$

值得强调的是，这种△-Y 变换只在 3 个端子上是等效的，而在网络内部是不等效的。但是，只要 3 个端子上的电压、电流关系相同，3 个端子与外部电路相连就不会影响外部电路的

电压和电流。我们在变换时对电路的端子编号就不容易出错。

例 1.16 电路如图 1-69（a）所示，试求端子 1、4 间的总电阻。

解：在如图 1-69（a）所示的电路中，可以把由 9Ω、6Ω、6Ω 的电阻组成的 Y 电路等效变换为△电路，如图 1-69（b）所示。

利用变换公式得

$$\begin{cases} R_{\text{a}} = \dfrac{9\times6+6\times6+9\times6}{9}\Omega = 16\Omega \\[3mm] R_{\text{b}} = \dfrac{9\times6+6\times6+9\times6}{6}\Omega = 24\Omega \\[3mm] R_{\text{c}} = \dfrac{9\times6+6\times6+9\times6}{6}\Omega = 24\Omega \end{cases}$$

于是可得端子 1、3 间的电阻为

$$R_{13} = \frac{12\times24}{12+24}\Omega = 8\Omega$$

端子 3、4 间的电阻为

$$R_{34} = \frac{16\times16}{16+16}\Omega = 8\Omega$$

电路的总电阻为 R_{13} 与 R_{34} 串联，再与 R_{b} 并联，所以总电阻为

$$R_{14} = \frac{24\times(8+8)}{24+(8+8)}\Omega = 9.6\Omega$$

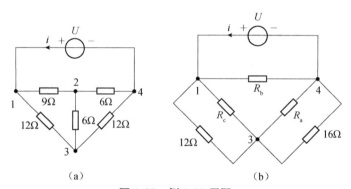

（a）   （b）

图 1-69 例 1.16 用图

【思考与练习 1.8】

1-25 试把如图 1-70 所示的电路由 Y 连接变换为△连接或由△连接变换为 Y 连接。

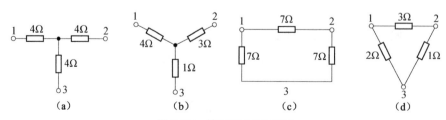

（a）   （b）   （c）   （d）

图 1-70 练习题 1-25 用图

1-26 电桥电路如图 1-71 所示，求电流 I。

1-27　电路如图 1-72 所示，求负载电阻 R_L 上消耗的功率 P_L。

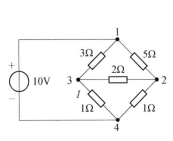

图 1-71　练习题 1-26 用图

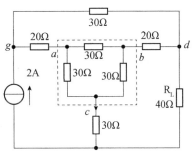

图 1-72　练习题 1-27 用图

1.9　受控源

所谓受控源，是指电压或电流的大小、方向受电路中其他地方的电压或电流控制的电源，这种电源有两个控制端（又称输入端）和两个受控端（又称输出端）。就其输出端所呈现的性能来看，受控电压源可分为电压控制电压源与电流控制电压源两种；受控电流源可分为电压控制电流源与电流控制电流源两种。根据控制量与被控制量的不同，受控源可分为如下 4 种：电压控制电压源（Voltage Controlled Voltage Source，VCVS）、电压控制电流源（Voltage Controlled Current Source，VCCS）、电流控制电压源（Current Controlled Voltage Source，CCVS）和电流控制电流源（Current Controlled Current Source，CCCS）。理想受控源模型如图 1-73 所示。

受控源的电压或电流受电路中别处电压或电流的控制。如果电路中无独立源激励，则各处都没有电压和电流，于是控制量为零，受控源的电压或电流也为零。因此，受控源不能作为电路的一个独立的激励，它只反映电路中某处的电压或电流受另一处电压或电流的控制关系。

许多电子元器件，如晶体管、电子管、运算放大器等都可以用受控源来等效。

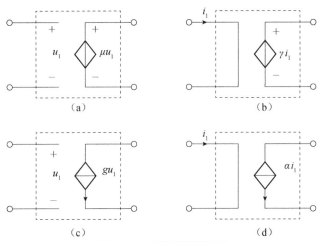

图 1-73　理想受控源模型

例 1.17　图 1-74 所示为某电压放大器的一种等效电路，该电路中含有一个电压控制电压源。受控源 u_{su} 的电压大小为 μu_1，其中 u_1 为 R_2 对应的电压，μ 为常系数。试求电压 u_2。

解：由分压公式得

$$u_1 = \frac{R_2}{R_1 + R_2} u_s$$

$$u_2 = \frac{R_L}{R_3 + R_L} \mu u_1 = \frac{R_2 R_L \mu u_s}{(R_1 + R_2) + (R_3 + R_L)}$$

如果令 R_1=2kΩ，R_2=8kΩ，μ=100，R_3=5kΩ，R_L=5kΩ，得

$$u_2 = \frac{100 \times 8 \times 10^3 \times 5 \times 10^3}{10 \times 10^3 \times 10 \times 10^3} u_s = 40 u_s$$

由上式可知，电压 u_2 是输入电压 u_s 的 40 倍，故该电路具有电压放大作用。

例 1.18 对如图 1-75 所示的电路，求 ab 端开路电压 U_{oc}。

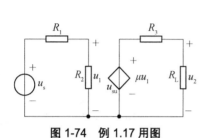

图 1-74 例 1.17 用图

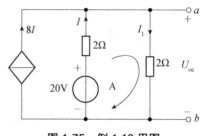

图 1-75 例 1.18 用图

解：设电流 I_1 的参考方向如图 1-75 中所标，由 KCL，得

$$I_1 = 8I + I = 9I \tag{1-33}$$

对回路 A 应用 KVL 列方程为

$$2I + 2I_1 - 20 = 0 \tag{1-34}$$

将式（1-33）代入式（1-34），解得

$$I_1 = 9A$$

由欧姆定律得，开路电压为

$$U_{oc} = 2I_1 = 2 \times 9 = 18V$$

【思考与练习 1.9】

1-28 图 1-76 所示为一个含有电压控制电流源的电路，已知 $u_s = 10mV$，R_1=1kΩ，R_2=2kΩ，求 u_o。

1-29 图 1-77 所示为一个含有电压控制电压源的电路，求电路中各元件的功率。

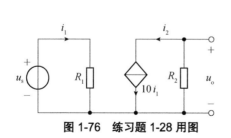

图 1-76 练习题 1-28 用图

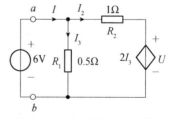

图 1-77 练习题 1-29 用图

1-30 求如图 1-78 所示的电路中的电压 u 和电流 i，并求受控源吸收的功率。

1-31 在如图 1-79 所示的电路中，求受控源提供的电流及功率。

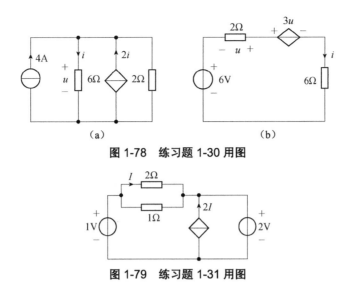

图 1-78　练习题 1-30 用图

图 1-79　练习题 1-31 用图

1.10　本章小结

（1）在集总参数电路假设的条件下，定义一些理想电路元件（如 R、L、C 等），这些理想电路元件在电路中只起一种电磁性能作用，有精确的数学解析式，也有规定的模型表示符号。对实际电路元器件，根据它的应用条件及表现出的主要物理性能，对其做某种近似与理想化（要有实际工程观点），用所定义的一种或几种理想电路元件模型的组合构成实际电路元器件的电路模型。若将实际电路中各实际部件都用它们的模型表示，则所画出的图称为电路模型图（又称电路原理图）。

（2）电路中的基本变量是电压、电流和功率，它们分别用下式定义：

$$i = \frac{\mathrm{d}q}{\mathrm{d}t}$$

$$u = \frac{\mathrm{d}w}{\mathrm{d}q}$$

$$p = \frac{\mathrm{d}w}{\mathrm{d}t}$$

规定正电荷运动的方向为电流的实际方向。

（3）参考方向是电路分析中一个最基本的概念，各种关系式都是在设定了参考方向的条件下写出的。在分析电路时，首先要假设电路中各电压、电流的参考方向，参考方向可以任意选定，一旦选定就要以此为准来进行电路分析与计算，若计算结果为正值，则说明实际方向和参考方向一致；若计算结果为负值，则说明实际方向和参考方向相反。电流和电压的参考方向一致，称为关联参考方向。

（4）元件的伏安关系是指流过元件的电流和元件两端电压之间的关系。元件的伏安关系式又称为元件的约束方程，它表明了流过元件的电流和元件两端电压所必须遵守的规律。

线性电阻元件是用欧姆定律，即 $U=RI$（U、I 的参考方向关联）来定义的，其伏安特性曲线是 I-U 平面上过原点的一条直线。电阻是耗能元件，其功率计算公式为

$$P = UI = RI^2 = \frac{U^2}{R}$$

（5）受控源也是一种电源，其特点是所提供的电压或电流受电路中其他支路上的电压或电流的控制，因而不能作为独立的激励，故称为非独立源，但其伏安特性和独立源的伏安特性类似。功率的计算公式为 $P=UI$，在关联参考方向下，$P>0$ 表示吸收功率；$P<0$ 表示产生功率。

（6）基尔霍夫定律的主要内容如表 1-1 所示。

表 1-1　基尔霍夫定律的主要内容

定律名称	描述对象	定律形式	应用条件
KCL	节点	$\sum i(t)=0$	任何集总参数电路（含线性、非线性、时变、时不变电路）
KVL	回路	$\sum u(t)=0$	任何集总参数电路（含线性、非线性、时变、时不变电路）

（7）如果两个网络端子上的伏安关系完全相同，则这两个网络等效。串联等效电阻等于各串联电阻的总和；并联等效电导等于各并联电导的总和。串联、并联、混联的无源二端网络可以等效为一个电阻。

（8）实际电源有两种模型：①电压源（U_s）和电阻（R_s）的串联组合；②电流源（I_s）和电阻（R'_s）的并联组合。只要满足 $I_s=\dfrac{U_s}{R_s}$ 和 $R_s=R'_s$，这两种模型就可以等效互换。几个电压源串联可以等效为一个电压源；几个电流源并联可以等效为一个电流源；电压源和电流源（或电阻）并联可以等效为该电压源；电流源和电压源（或电阻）串联可以等效为该电流源。电流源和电压源之间不能等效互换。

（9）任意连接方式的二端电阻网络，应用 Y-△ 变换可以化简为用串、并联就能表示的形式。

电源小结图如图 1-80 所示。

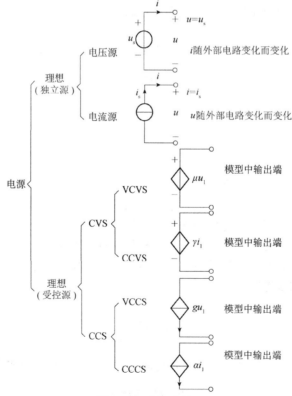

图 1-80　电源小结图

习题 1

习题 1-1 求题图 1-1（a）中的电流 i 和题图 1-1（b）中的 i_1 和 i_2。

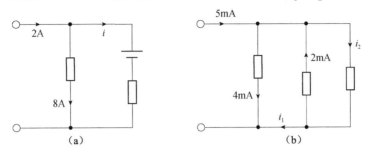

题图 1-1

习题 1-2 题图 1-2 所示的电路由 5 个元件组成，其中 u_1=9V，u_2=5V，u_3=－4V，u_4=6V，u_5=10V，i_1=1A，i_2=2A，i_3=－1V。试求：（1）各元件吸收的功率；（2）全电路吸收的功率，以及说明的规律。

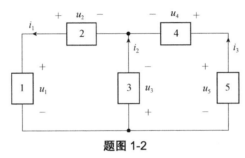

题图 1-2

习题 1-3 （1）求题图 1-3（a）中电压 u_{ab}；（2）在题图 1-3（b）中，若 u_{ab}=6V，求电流 i。

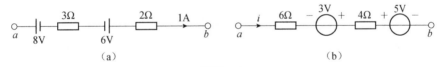

题图 1-3

习题 1-4 电路如题图 1-4 所示，已知 u=6V，求电阻 R_1、R_2、R_3 上的电压。

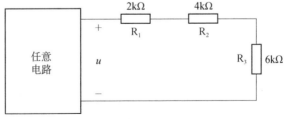

题图 1-4

习题 1-5 求题图 1-5 中的等效电阻 R_{in}。

习题 1-6 写出题图 1-6 中等效电阻的表达式 R_{ab}。

习题 1-7 试计算如题图 1-7 所示的电路在开关 K 打开和闭合两种状态时的等效电阻 R_{ab}。

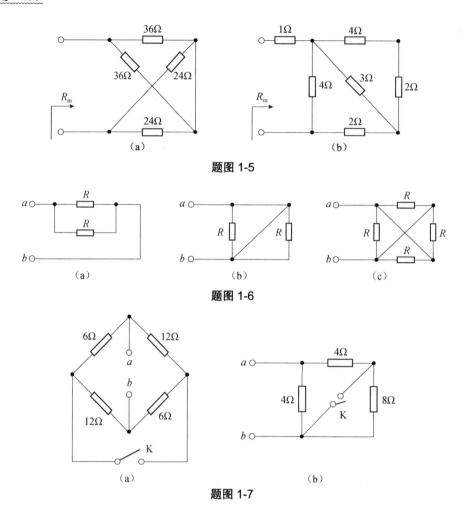

题图 1-5

题图 1-6

题图 1-7

习题 1-8 实际电源的内阻是不能用欧姆表直接测量的，可以通过测量电源的外特性来计算，如题图 1-8 所示，设某直流电源接负载 R_L 后，当测得电流为 0.25A 时，其端电压 u 为 6.95V；当测得电流为 0.75A 时，其端电压 u 为 6.94V。试求其内阻 R_s。

习题 1-9 电路如题图 1-9 所示，已知阻值为 R_1 的电阻两端的电压为 6V，通过它的电流为 0.3A。试求电源产生的功率。

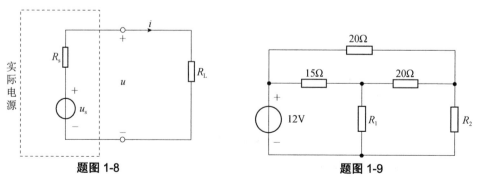

题图 1-8

题图 1-9

习题 1-10 在如题图 1-10 所示的电路中，已知 I=2A。求 U 及电阻 R 吸收的功率。

习题 1-11 在如题图 1-11 所示的电路中，设 i=1A，试求电压 u。

习题 1-12　电路如题图 1-12 所示，试求电流 i。

习题 1-13　电路如题图 1-13 所示，已知 $u_s=12V$，求 u_2 和等效电阻 R_{in}。

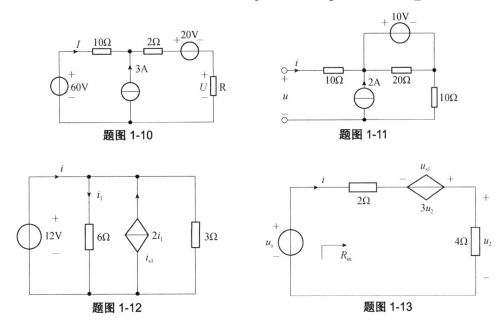

题图 1-10　　　　　　　　　题图 1-11

题图 1-12　　　　　　　　　题图 1-13

习题 1-14　电路如题图 1-14 所示，分别求其等效电阻 R_{ab}。

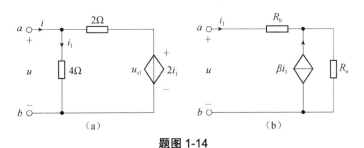

（a）　　　　　　　　　（b）

题图 1-14

习题 1-15　试将如题图 1-15 所示的电路分别化简为电流型电源。

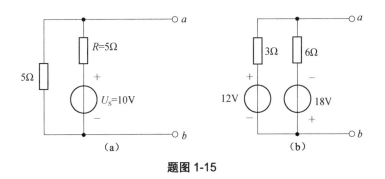

（a）　　　　　　　　　（b）

题图 1-15

习题 1-16　试将如题图 1-16 所示的电路分别化简为电压型电源，并分别画出 a、b 端口的外特性曲线。

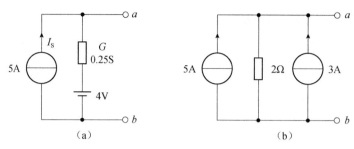

题图 1-16

习题 1-17 试求如题图 1-17 所示的各电路的等效电流源模型。

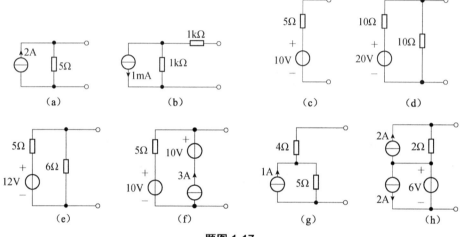

题图 1-17

习题 1-18 （1）求如题图 1-18（a）所示的电路中受控电压源的端电压和它的功率；（2）求如题图 1-18（b）所示的电路中受控电流源的电流和它的功率；（3）试问题图 1-18 中的 2 个受控源是否可以用电阻或独立电源来替代，若能，则说明所用替代元件的参数值为多少，并说明如何连接。

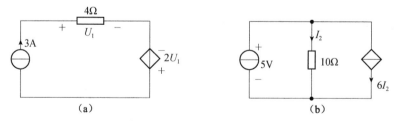

题图 1-18

第2章　电路的基本分析方法

【提要】以前的电路分析方法主要是利用等效变换逐步化简电路来求解电路。但对于复杂电路的求解，采用以前的电路分析方法就太复杂了，而且没有一定的规律。如果要对比较复杂的电路进行全面的、一般性的讨论，还要寻求一些系统化的方法。所谓系统化的方法，是指不改变电路的结构，先选择电路变量（电流或电压），再根据 KCL、KVL 建立电路变量的方程，从而求解电路的方法。为此本章介绍一些常用的、规范的电路分析方法，它们分别是支路电流法、网孔电流法和节点电位法。

2.1　支路电流法

在一个实际电路中，为完成指定的电路功能，应将电路元件组合连接成一定的结构形式，于是电路中出现了支路、节点、回路、网孔。与节点相连接的各支路电流受 KCL 约束，而构成回路的支路电压受 KVL 约束。

在一条支路中的各元件上流经的只能是同一个电流，支路两端电压等于该支路上相串联的各元件上电压的代数和，由元件约束关系不难得到每条支路上的电流与支路两端电压的关系，即支路的 VAR。如图 2-1 所示，它的 VAR 为

$$u = Ri + u_{\mathrm{s}} \tag{2-1}$$

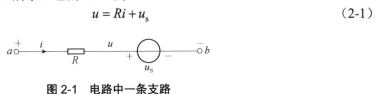

图 2-1　电路中一条支路

由式（2-1）可见，如果知道电流 i，就可以算出电压 u；如果知道电压 u，就可以算出电流 i。这就是说，支路的电压、电流变量是线性相关的。所以在求解电路时，以支路电流或支路电压作为未知量都是可以的，因为它们都是完备的变量。所谓完备，是指如果知道了支路电流，就可以计算出电路中任何一处的电压、功率等；如果知道了支路电压，就可以计算出电路中任何一处的电流、功率等。可以说，知道了支路电流或支路电压，即可求解电路。

以支路电流作为未知量列写方程、求解电路的方法，称为支路电流法；以支路电压作为未知量列写方程、求解电路的方法，称为支路电压法。本章只介绍支路电流法。支路电流法是电路分析中最基本的一种分析方法。

2.1.1　支路电流法概述

支路电流法是以完备的支路电流变量为未知量，根据元件的 VAR 及 KCL、KVL 约束，建立方程数目足够且相互独立的方程组，解出各支路电流，进而根据与电路有关的基本概念求得电路中任何一处的电压、功率等。

在如图 2-2 所示的电路中有 3 条支路，设各支路电流分别为 i_1、i_2、i_3，其参考方向已标在图 2-2 中。就本例而言，问题是如何找到包含未知量 i_1、i_2、i_3 的 3 个相互独立的方程。

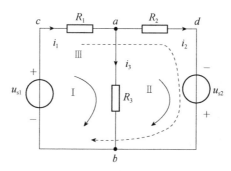

图 2-2　支路电流法分析图

根据 KCL，对节点 a 和 b 分别建立电流方程。设流出节点的电流取正号，则有

$$-i_1 + i_2 + i_3 = 0 \quad（对节点 a） \tag{2-2}$$

$$i_1 - i_2 - i_3 = 0 \quad（对节点 b） \tag{2-3}$$

显然，式（2-2）和式（2-3）不是互相独立的，只能取其中一个。

根据 KVL，按图 2-2 中所标的巡行方向（或称绕行方向）对回路 Ⅰ、Ⅱ、Ⅲ 分别列写 KVL 方程（注意：在列写方程时，如果遇到电阻，其两端电压就应用欧姆定律表示为电阻与电流的乘积），得

$$R_1 i_1 + R_3 i_3 = u_{s1} \quad（对回路 Ⅰ） \tag{2-4}$$

$$R_2 i_2 - R_3 i_3 = u_{s2} \quad（对回路 Ⅱ） \tag{2-5}$$

$$R_1 i_1 + R_2 i_2 = u_{s2} \quad（对回路 Ⅲ） \tag{2-6}$$

观察上述 3 个 KVL 方程可知，它们也不是互相独立的，任何一式可由其他两式相加减而得。所以只能取其中的两个方程作为独立方程，只有未知量数目与独立方程数目相等，未知量才可能有唯一解。从上述 5 个方程中选取出 3 个相互独立的方程如下：

$$\begin{cases} -i_1 + i_2 + i_3 = 0 \\ R_1 i_1 + 0 + R_3 i_3 = u_{s1} \\ 0 + R_2 i_2 - R_3 i_3 = u_{s2} \end{cases} \tag{2-7}$$

式（2-7）就是如图 2-2 所示的电路以支路电流为未知量的、方程数目足够且相互独立的方程组之一，它完整地描述了该电路中各支路电流和支路电压之间的约束关系。应用克莱姆法则求解式（2-7），系数行列式 Δ 和各未知量所对应的行列式 Δ_j（$j = 1,2,3$）分别为

$$\Delta = \begin{vmatrix} -1 & 1 & 1 \\ R_1 & 0 & -R_3 \\ 0 & R_2 & -R_3 \end{vmatrix} = R_1 R_2 + R_2 R_3 + R_1 R_3$$

$$\Delta_1 = \begin{vmatrix} 0 & 1 & 1 \\ u_{s1} & 0 & R_3 \\ u_{s2} & R_2 & -R_3 \end{vmatrix} = R_2 u_{s1} + R_3 u_{s1} + R_3 u_{s2}$$

$$\Delta_2 = \begin{vmatrix} -1 & 0 & 1 \\ R_1 & u_{s1} & R_3 \\ 0 & u_{s2} & -R_3 \end{vmatrix} = R_1 u_{s2} + R_3 u_{s1} + R_3 u_{s2}$$

$$\Delta_3 = \begin{vmatrix} -1 & 1 & 0 \\ R_1 & 0 & u_{s1} \\ 0 & R_2 & u_{s2} \end{vmatrix} = -R_1 u_{s2} + R_2 u_{s1}$$

所以求得支路电流为

$$i_1 = \frac{\Delta_1}{\Delta} = \frac{R_2 u_{s1} + R_3 u_{s1} + R_3 u_{s2}}{R_1 R_2 + R_2 R_3 + R_1 R_3}$$

$$i_2 = \frac{\Delta_2}{\Delta} = \frac{R_1 u_{s2} + R_3 u_{s1} + R_3 u_{s2}}{R_1 R_2 + R_2 R_3 + R_1 R_3}$$

$$i_3 = \frac{\Delta_3}{\Delta} = \frac{-R_1 u_{s2} + R_2 u_{s1}}{R_1 R_2 + R_2 R_3 + R_1 R_3}$$

解出支路电流之后，再求解电路中任意两点之间的电压或任何元件吸收的功率就是很容易的事了。例如，图 2-2 中的 c 点与 d 点之间的电压 u_{cd} 和电压源 u_{s1} 所产生的功率 P_{s1}，可由解出的电流 i_1、i_2、i_3 方便地求得，即

$$u_{cd} = R_1 i_1 + R_2 i_2$$
$$P_{s1} = u_{s1} i_1$$

2.1.2 独立方程的列写

一个有 n 个节点、b 条支路的电路，若以支路电流作为未知量，则可按如下方法列写所需的独立方程。

（1）从 n 个节点中任意选择其中 $n-1$ 个节点，按照 KCL 列写节点电流方程，这 $n-1$ 个方程是相互独立的。这一点不难理解，因为任一条支路一定与电路中的两个节点相连，该支路上的电流总是从一个节点流出，流向另一个节点。当对 n 个节点列 KCL 方程时，规定流出节点的电流取正号，流入节点的电流取负号，每一条支路上的电流在 n 个方程中一定出现两次，一次为正号（$+i_j$），一次为负号（$-i_j$），这 n 个方程相加一定是恒等于零的，即

$$\sum_{k-1}^{n}\left(\sum i\right)_k = \sum_{j-1}^{b}\left[\left(+i_j\right) + \left(-i_j\right)\right] = 0 \tag{2-8}$$

式中，n 表示节点个数；$\left(\sum i\right)_k$ 表示第 k 个节点的电流代数和；$\sum_{k-1}^{n}\left(\sum i\right)_k$ 表示对 n 个节点的电流和再求和；$\sum_{j-1}^{b}\left[\left(+i_j\right) + \left(-i_j\right)\right]$ 表示 b 条支路上一次取正号、一次取负号的电流和。

式（2-8）说明，按 KCL 列出的 n 个 KCL 方程不是相互独立的。但如果从这 n 个方程中任意去掉一个，那么与该节点相连的各支路电流在余下的 $n-1$ 个节点电流方程中只出现一次。

如果将剩下的 $n-1$ 个节点电流方程相加，其结果不可能恒为零，所以这 $n-1$ 个节点电流方程是相互独立的。习惯上把电路中所列节点电流方程相互独立的节点称为独立节点。

（2）对于有 n 个节点、b 条支路的电路，在用支路电流法进行分析时需要列 b 个相互独立的方程，由 KCL 已经列出了 $n-1$ 个相互独立的 KCL 方程，剩下的 $b-(n-1)$ 个独立方程应该根据 KVL 列出。可以证明，由 KVL 能列写且仅能列写的独立方程数为 $b-(n-1)$ 个。习惯上把电路中能列写独立方程的回路称为独立回路。独立回路可以这样选取：使所选各回路中都包含一条其他回路中没有的新支路。对平面电路，如果它有 n 个节点、b 条支路，则可以证明它的网孔数恰为 $b-(n-1)$ 个。按网孔由 KVL 列出的方程相互独立。

归纳支路电流法分析电路的步骤。

第一步：设各支路电流，标明参考方向。任取 $n-1$ 个节点，根据 KCL 列写独立节点电流方程（其中 n 为电路节点个数）。

第二步：选取独立回路（平面电路一般选网孔），并选定绕行方向，根据 KVL 列写独立回路电压方程。

第三步：若电路中含有受控源，还应将控制量用未知电流表示，多加一个辅助方程。

第四步：求解第一、二、三步列写的联立方程组，得到各支路电流。

第五步：如果有需要，则可以根据元件约束关系等计算电路中各处的电压、功率。

例 2.1 在如图 2-3 所示的电路中，已知 $R_1=15\Omega$，$R_2=1.5\Omega$，$R_3=1\Omega$，$u_{s1}=15V$，$u_{s2}=4.5V$，$u_{s3}=9V$，求电压 u_{ab} 及各电源产生的功率。

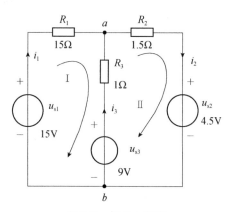

图 2-3 例 2.1 用图

解：设定支路电流 i_1、i_2、i_3 的参考方向并在图 2-3 中标出。

根据 KCL 列写节点 a 的电流方程，即

$$-i_1 + i_2 - i_3 = 0 \tag{2-9}$$

选网孔作为独立回路，设定绕行方向并在图 2-3 中标出，由 KVL 列写网孔 I、II 的电压方程，分别为

$$15i_1 + 0 - i_3 = 6 \tag{2-10}$$

$$0 + 1.5i_2 + i_3 = 4.5 \tag{2-11}$$

利用克莱姆法则求解由式（2-9）、式（2-10）、式（2-11）组成的三元一次方程组。Δ 与 Δ_j 分别为

$$\varDelta = \begin{vmatrix} -1 & 1 & -1 \\ 15 & 0 & -1 \\ 0 & 1.5 & 1 \end{vmatrix} = -39$$

$$\varDelta_1 = \begin{vmatrix} 0 & 1 & -1 \\ 6 & 0 & -1 \\ 4.5 & 1.5 & 1 \end{vmatrix} = -19.5$$

$$\varDelta_2 = \begin{vmatrix} -1 & 0 & -1 \\ 15 & 6 & -1 \\ 0 & 4.5 & 1 \end{vmatrix} = -78$$

$$\varDelta_3 = \begin{vmatrix} -1 & 1 & 0 \\ 15 & 0 & 6 \\ 0 & 1.5 & 4.5 \end{vmatrix} = -58.5$$

所以电流 i_1、i_2、i_3 分别为

$$i_1 = \frac{\varDelta_1}{\varDelta} = \frac{-19.5}{-39}\text{A} = 0.5\text{A}$$

$$i_2 = \frac{\varDelta_2}{\varDelta} = \frac{-78}{-39}\text{A} = 2\text{A}$$

$$i_3 = \frac{\varDelta_3}{\varDelta} = \frac{-58.5}{-39}\text{A} = 1.5\text{A}$$

电压 u_{ab} 为

$$u_{ab} = -i_3 \times 1\Omega + u_{s3} = -1.5\text{A} \times 1\Omega + 9\text{V} = 7.5\text{V}$$

设电源产生的功率分别为 P_{s1}、P_{s2}、P_{s3}，由求得的支路电流可得

$$P_{s1} = u_{s1}i_1 = 15\text{V} \times 0.5\text{A} = 7.5\text{W}$$

$$P_{s2} = -u_{s2}i_2 = -4.5\text{V} \times 2\text{A} = -9\text{W}$$

$$P_{s3} = u_{s3}i_3 = 9\text{V} \times 1.5\text{A} = 13.5\text{W}$$

例 2.2　在如图 2-4 所示的电桥电路中，*ab* 支路为电源支路，*cd* 支路为桥路，试用支路电流法求电流 i_g，并讨论电桥平衡条件。

解：设定各支路电流的参考方向和各回路的绕行方向并在图 2-4 中标出。该电路有 6 条支路、4 个节点，以支路电流为未知量，建立 3 个独立节点电流方程，3 个独立回路电压方程。根据端口 VAR 和 KCL、KVL 列出以下方程组：

$$i_1 + i_2 - i = 0 \quad \text{（对节点 } a\text{）}$$

$$-i_1 + i_g + i_3 = 0 \quad \text{（对节点 } c\text{）}$$

$$-i_2 - i_g + i_4 = 0 \quad \text{（对节点 } d\text{）}$$

$$-R_1 i_1 + R_2 i_2 - R_g i_g = 0 \quad \text{（对回路 I）}$$

$$-R_3 i_3 + R_4 i_4 + R_g i_g = 0 \quad \text{（对回路 II）}$$

$$R_1 i_1 + R_3 i_3 + R i = u_s \quad \text{（对回路III）}$$

解上述方程组得

$$i_{\mathrm{g}} = \frac{\left(R_3 - \dfrac{R_1 R_4}{R_2}\right) u_{\mathrm{s}}}{\left(R_1 + R_3 + R + \dfrac{R_1 R_4}{R_2}\right)\left(R_{\mathrm{g}} + R_3 + R_4 + \dfrac{R_4 R_{\mathrm{g}}}{R_2}\right)\left(\dfrac{R R_{\mathrm{g}}}{R_2} - R_3\right)\left(R_3 - \dfrac{R_1 R_4}{R_2}\right)}$$

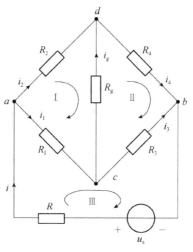

图 2-4　例 2.2 用图

当 $i_{\mathrm{g}} = 0$，即桥路上电流为零（或桥路两端电压 $u_{\mathrm{cd}} = 0$）时，称该电桥达到平衡。由 i_{g} 的表示式可知分母是有限值，因而当且仅当

$$R_3 = \frac{R_1 R_4}{R_2}$$

即

$$R_2 R_3 = R_1 R_4$$

或

$$\frac{R_1}{R_2} = \frac{R_3}{R_4}$$

时，$i_{\mathrm{g}} = 0$，这就是电桥平衡的条件。

例 2.3　如图 2-5 所示的电路中包含电压控制电压源，试以支路电流作为未知量，列写求解本电路所必需的独立方程组（注意对受控源的处理，对所列方程不必求解）。

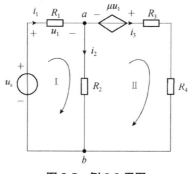

图 2-5　例 2.3 用图

解：设定各支路电流的参考方向和各网孔绕行方向并在图 2-5 中标出。应用端口 VAR 和 KCL、KVL 列写方程：

$$-i_1 + i_2 + i_3 = 0 \quad （对节点~a）$$
$$R_1 i_1 + R_2 i_2 + 0 = u_s \quad （对网孔~\text{I}）$$
$$0 - R_2 i_2 + (R_3 + R_4) i_3 = \mu u_1 \quad （网孔~\text{II}）$$

上述 3 个方程中有 i_1、i_2、i_3 及 u_1 这 4 个未知量，无法求解，因此还须列出一个独立方程。将控制量 u_1 用支路电流表示，即

$$u_1 = R_1 i_1$$

则由上述 4 个独立方程就可求解本例的问题。

如果电路中受控源的控制量就是某一支路电流，那么方程组中方程的个数可以不增加，由列写出的前 3 个基本方程稍加整理即可求解；如果受控源的控制量是另外的变量，那么须对含受控源电路先按前面讲述的第一、二步列写基本方程（在列写的过程中把受控源看作独立源），然后加一个控制量用未知电流表示的辅助方程，这一点应特别注意。

【思考与练习 2.1】

2-1　用支路电流法求如图 2-6 所示的电路中各支路电流，已知 $U_s = 1\text{V}$，$R_1 = 1\Omega$，$R_2 = 2\Omega$，$R_3 = 3\Omega$。

2-2　用支路电流法求如图 2-7 所示的电路中的电流 I_2、I_3 并验证功率平衡。

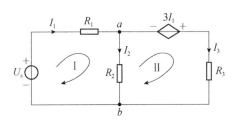

图 2-6　练习题 2-1 用图

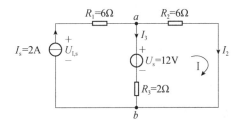

图 2-7　练习题 2-2 用图

2-3　对如图 2-8 所示的电路，写出应用支路电流法时所需的方程组。

2-4　试用支路电流法求如图 2-9 所示的电路中各电压源对电路提供的功率 P_{s1} 和 P_{s2}。

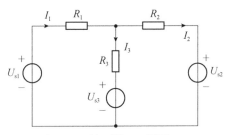

图 2-8　练习题 2-3 用图

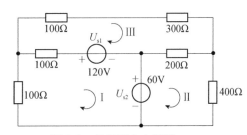

图 2-9　练习题 2-4 用图

2.2　网孔电流法

网孔电流法以网孔电流为变量，按网孔列出独立的 KVL 方程，是分析与计算电路非常方

便的方法之一。其特点是选择假想的网孔电流作为未知量，从而自动满足网络的 KCL 方程。将网络的 KVL 方程与支路伏安特性相结合，导出以网孔电流为变量的一组网孔方程，解得网孔电流后，就可确定各支路的电流和电压。本方法仅适用于平面电路。

所谓平面电路，是指可以画在平面上而不出现支路交叉的电路。如图 2-10（a）所示的电路，从表面上看虽然有支路的交叉，但展开后如图 2-10（b）所示，所以为平面电路；如图 2-11 所示的电路为立体电路，又称非平面电路。

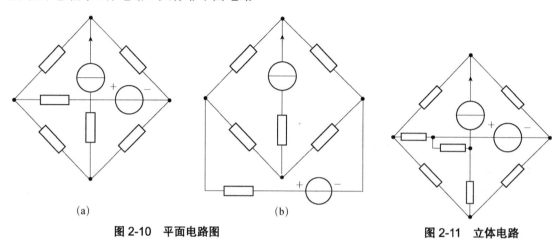

(a)   (b)

图 2-10　平面电路图　　　　　　　　　　　　　　　　图 2-11　立体电路

2.2.1　网孔电流

欲使方程数目减少，必须使求解的未知量数目减少。在一个平面电路中，因为网孔是由若干条支路构成的闭合回路，所以它的网孔个数必定少于支路条数。如果在电路的每个网孔中有一假想的电流沿着构成该网孔的各支路循环流动（如图 2-12 中实线箭头所示），则把这一假想的电流称为网孔电流。

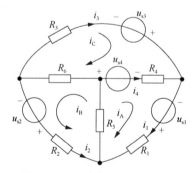

图 2-12　网孔电流法分析用图

在如图 2-12 所示的电路中，$i_1 = i_A$，$i_2 = i_B$，$i_3 = i_C$。如果某支路为两个网孔所共有，则该支路上的电流就等于流经该支路的两个网孔电流的代数和。图 2-12 中支路电流 i_4 等于流经该支路的 A、C 网孔电流的代数和。规定与支路电流方向一致的网孔电流取正号，反之取负号，则有

$$i_4 = i_A - i_C$$

其他支路的电流都可以类似求出。

网孔电流有如下特点。

（1）网孔电流是完备的变量。如果知道了各网孔电流，就可以求得电路中任一条支路的电流，从而可以求得电路中任意两点之间的电压、任意元件上的功率等。

（2）网孔电流是相互独立的变量。对于如图 2-12 所示的电路中的 3 个网孔电流 i_A、i_B、i_C，知其中任意两个求不出第三个。这是因为每个网孔电流在流进某一节点的同时又流出该节点，其自身满足 KCL，所以不能通过节点 KCL 方程建立各网孔电流之间的关系，也就说明了网孔电流是相互独立的变量。

2.2.2 网孔电流法概述

对平面电路，以假想的网孔电流作为未知量，根据 KVL 列写网孔电压方程（网孔内电阻上的电压通过欧姆定律用电阻乘电流表示），求解出网孔电流，进而求得各支路电流、电压、功率等，这种求解电路的方法称为网孔电流法（简称网孔法）。应用网孔电流法分析电路的关键是如何简便、正确地列写网孔电压方程（2.1 节中已经介绍过网孔电压方程是相互独立的）。

设如图 2-12 所示的电路中网孔电流为 i_A、i_B、i_C，将其参考方向作为列写方程的绕行方向。按网孔列写 KVL 方程如下：

$$R_1 i_A + R_5 i_A + R_5 i_B + R_4 i_A - R_4 i_C + u_{s4} - u_{s1} = 0 \quad （对网孔 A）$$
$$R_2 i_B + R_5 i_A + R_5 i_B + R_6 i_B + R_6 i_C - u_{s2} = 0 \quad （对网孔 B）$$
$$R_3 i_C - R_4 i_A + R_4 i_C + R_6 i_C + R_6 i_B - u_{s4} - u_{s3} = 0 \quad （对网孔 C）$$

按未知量顺序排列并加以整理，同时将已知激励源也移至等式右端，得

$$(R_1 + R_4 + R_5)i_A + R_5 i_B - R_4 i_C = u_{s1} - u_{s4} \tag{2-12}$$
$$R_5 i_A + (R_2 + R_5 + R_6)i_B + R_6 i_C = u_{s2} \tag{2-13}$$
$$-R_4 i_A + R_6 i_B + (R_3 + R_4 + R_6)i_C = u_{s3} + u_{s4} \tag{2-14}$$

由式（2-12）可以看出，i_A 前的系数 $(R_1 + R_4 + R_5)$ 恰好是网孔 A 内所有电阻之和，称为网孔 A 的自电阻，以符号 R_{11} 表示；i_B 前的系数 $(+R_5)$ 是网孔 A 和网孔 B 公共支路上的电阻，称为网孔 A 与网孔 B 的互电阻，以符号 R_{12} 表示，由于 R_5 对应的网孔电流 i_A、i_B 方向相同，故 R_5 前为"+"；i_C 前的系数 $(-R_4)$ 是网孔 A 和网孔 C 公共支路上的电阻，称为网孔 A 与网孔 C 的互电阻，以符号 R_{13} 表示，由于 R_4 对应的网孔电流 i_A、i_C 方向相反，故 R_4 前为"$-$"；等式右端的 $(u_{s1} - u_{s4})$ 表示网孔 A 中电压源电压的代数和，以符号 u_{s11} 表示。在计算 u_{s11} 时各电压源电压的取号法则：在绕行中先遇到电压源正极性端取负号，反之取正号。

用同样的方法可求出式（2-13）、式（2-14）的自电阻、互电阻及网孔等效电压源电压。

归纳总结得到应用网孔电流法分析有 3 个网孔的电路的方程通式（一般式），即

$$\begin{cases} R_{11} i_A + R_{12} i_B + R_{13} i_C = u_{s11} \\ R_{21} i_A + R_{22} i_B + R_{23} i_C = u_{s22} \\ R_{31} i_A + R_{32} i_B + R_{33} i_C = u_{s33} \end{cases} \tag{2-15}$$

如果电路有 m 个网孔，则不难得到网孔电压方程的通式为

$$\begin{cases} R_{11} i_A + R_{12} i_B + \cdots + R_{1m} i_M = u_{s11} \\ R_{21} i_A + R_{22} i_B + \cdots + R_{2m} i_M = u_{s22} \\ \quad \vdots \qquad \vdots \qquad \qquad \vdots \qquad \vdots \\ R_{m1} i_A + R_{m2} i_B + \cdots + R_{mm} i_M = u_{smm} \end{cases} \tag{2-16}$$

一般地，若平面电路中有 b 条支路、n 个节点，则网孔数 $l=b-n+1$。利用网孔电流的概念，可以列出 l 个以网孔电流为变量的网孔方程。

在应用方程通式列方程时要特别注意取号问题。因为取网孔电流方向为列写 KVL 方程的绕行方向，所以各网孔的自电阻恒为正。为了使方程通式形式整齐统一，把公共支路电阻上电压的正、负号归纳在有关的互电阻中，使式（2-15）或式（2-16）的左端各项前都是"+"，但在求互电阻时就要注意取正号或取负号的问题。若两网孔电流在流经公共支路时方向一致，则互电阻等于公共支路上电阻相加，取正号；若两网孔电流在流经公共支路时方向相反，则互电阻等于公共支路上电阻相加，取负号。在求等效电压源电压时遇到电压源的取号法则表面上看起来与应用 $\sum u = 0$ 列方程时遇到电压源的取号法则相反，实际上二者是完全一致的，因为网孔电压方程中的 u_{s11}（或 u_{s22} 或 u_{s33}）是直接放在等式右端的。

由以上分析可归纳出网孔电流法的步骤如下。

第一步：选定网孔，并在图中假定各网孔电流的参考方向。

第二步：以网孔电流的方向为网孔的绕行方向，按式（2-15）的形式列写网孔电压方程。

第三步：由网孔电压方程解出网孔电流，原电路非公共支路上的电流等于网孔电流，公共支路上的电流等于网孔电流的代数和。

例 2.4 对如图 2-13 所示的电路，求各支路电流。

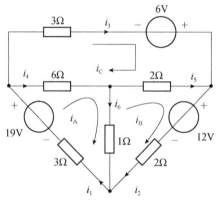

图 2-13 例 2.4 用图

解： 本电路中有 6 条支路、3 个网孔，用 2.1 节中介绍的支路电流法需要解六元方程组，而用网孔电流法只需要解三元方程组，显然用网孔电流法比用支路电流法简单得多，因此若想用手算方法解电路一般用网孔电流法而不用支路电流法。

第一步：设网孔电流 i_A、i_B、i_C 的参考方向如图 2-13 所示。一般认为网孔电流方向即列 KVL 方程时的绕行方向。

第二步：观察电路，列写方程。观察电路，心算求出自电阻、互电阻、等效电压源电压，代入方程通式，即可写出所需要的方程组。本例中自电阻、互电阻、等效电压源电压如下：

$$R_{11} = 10\Omega, \quad R_{12} = -1\Omega, \quad R_{13} = -6\Omega, \quad u_{s11} = 19V$$
$$R_{21} = -1\Omega, \quad R_{22} = 5\Omega, \quad R_{23} = -2\Omega, \quad u_{s22} - 12V$$
$$R_{31} = -6\Omega, \quad R_{32} = -2\Omega, \quad R_{33} = 11\Omega, \quad u_{s33} = 6V$$

将上述数值代入式（2-15），得

$$\begin{cases} 10i_A - i_B - 6i_C = 19 \\ -i_A + 5i_B - 2i_C = -12 \\ -6i_A - 2i_B + 11i_C = 6 \end{cases} \tag{2-17}$$

解方程组可得各网孔电流。利用克莱姆法则解式（2-17），各相应行列式为

$$\Delta = \begin{vmatrix} 10 & -1 & -6 \\ -1 & 5 & -2 \\ -6 & -2 & 11 \end{vmatrix} = 295$$

$$\Delta_A = \begin{vmatrix} 19 & -1 & -6 \\ -12 & 5 & -2 \\ -6 & -2 & 11 \end{vmatrix} = 885$$

$$\Delta_B = \begin{vmatrix} 10 & -19 & -6 \\ -1 & -12 & -2 \\ -6 & 6 & 11 \end{vmatrix} = -295$$

$$\Delta_C = \begin{vmatrix} 10 & -1 & -19 \\ -1 & 5 & -12 \\ -6 & -2 & 6 \end{vmatrix} = 590$$

于是各网孔电流分别为

$$i_A = \frac{\Delta_A}{\Delta} = \frac{885}{295} = 3A$$

$$i_B = \frac{\Delta_B}{\Delta} = \frac{-295}{295} = -1A$$

$$i_C = \frac{\Delta_C}{\Delta} = \frac{-590}{295} = 2A$$

第三步：由网孔电流求各支路电流。设各支路电流参考方向如图 2-13 所示，根据支路电流与网孔电流之间的关系，得

$$i_1 = i_A = 3A , \quad i_2 = i_B = -1A$$

$$i_3 = i_C = 2A , \quad i_4 = i_A - i_C = 3 - 2 = 1A$$

$$i_5 = i_B - i_C = -1 - 2 = -3A , \quad i_6 = i_A - i_B = 3 - (-1) = 4A$$

如果有需要，可由支路电流求电路中任意位置处的电压、功率。

注意：在用网孔电流法解题后，校核答案应当用 KVL 而不能用 KCL，因为各支路电流是由网孔电流相加减而得出的，即使网孔电流算错了，仍能满足 KCL，故用 KCL 检查不出错误，必须用 KVL 来校核答案。

例 2.5 对如图 2-14 所示的电路，求电阻 R 上吸收的功率 P_R。

解：本题并不需要求出所有支路电流，为求得 R 上吸收的功率，只需求出 R 上的电流即可。

如果按图 2-14（a）设网孔电流，则须解出 i_A、i_C 两个网孔电流才能求得 R 上的电流。若对电路做伸缩扭动变形（注意节点 2、4 的变化），由图 2-14（a）变换为图 2-14（b），按图 2-14（b）设网孔电流，则所求电流恰为网孔 C 的电流。列方程组为

$$6i_A - 3i_B - i_C = 19$$
$$-3i_A + 9i_B - 3i_C = -9 \qquad (2\text{-}18)$$
$$-i_A - 3i_B + 6i_C = 5$$

化简式（2-18）（第二个方程可两端相约化简）得

$$6i_A - 3i_B - i_C = 19$$
$$-i_A + 3i_B - i_C = -3$$
$$-i_A - 3i_B + 6i_C = 5$$

由化简的方程组求得

$$\Delta = \begin{vmatrix} 6 & -3 & -1 \\ -1 & 3 & -1 \\ -1 & -3 & 6 \end{vmatrix} = 63, \quad \Delta_C = \begin{vmatrix} 6 & -3 & 19 \\ -1 & 3 & -3 \\ -1 & -3 & 5 \end{vmatrix} = 126$$

进而可求得

$$i_R = i_C = \frac{\Delta_C}{\Delta} = \frac{126}{63} = 2\text{A}$$

$$P_R = R i_R^2 = 2 \times 2^2 = 8\text{W}$$

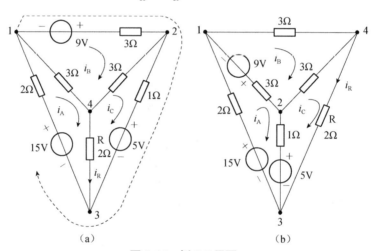

图 2-14　例 2.5 用图

例 2.6　求如图 2-15 所示的电路中的电压 u_{ab}。

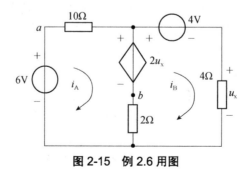

图 2-15　例 2.6 用图

解：本例中含有受控电压源，应先把受控电压源看作独立电压源，列写基本方程，然后把

控制量 u_x，用网孔电流变量表示出来，多加一个辅助方程。

设网孔电流 i_A、i_B 的参考方向如图 2-15 所示，观察电路，应用方程通式列基本方程为

$$12i_A - 2i_B = 6 - 2u_x$$
$$-2i_A + 6i_B = 2u_x - 4 \tag{2-19}$$

由图 2-15 可以看出，控制量 u_x 仅与回路电流 i_B 有关，故有辅助方程

$$u_x = 4i_B \tag{2-20}$$

将式（2-20）代入式（2-19）并经化简整理，得

$$2i_A + i_B = 1$$
$$-i_A - i_B = -2 \tag{2-21}$$

解得

$$i_A = -1\text{A}, \quad i_B = 3\text{A}$$
$$u_x = 4i_B = 4 \times 3 = 12\text{V}$$

所以得

$$u_{ab} = 10i_A + 2u_x = 10 \times (-1) + 2 \times 12 = 14\text{V}$$

例 2.7　对如图 2-16（a）所示的电路，求各支路电流。

解：本例两个网孔的公共支路上有一理想电流源。如果按图 2-16（a）设出网孔电流的参考方向，那么应如何列写网孔方程呢？这里需要注意，网孔方程实际上是按 KVL 列写的回路电压方程，即网孔内各元件上电压代数和等于零，那么在绕行中遇到理想电流源（或受控电流源）两端电压取多大呢？根据电流源特性，它的端电压与外部电路有关，在未求解出电路之前是不知道的。

这时可先假设该理想电流源两端电压为 u_x，把 u_x 当作理想电压源电压，列写基本方程。因为引入了 u_x 这个未知量，所以列出的基本方程个数就少于未知量个数，必须再找一个与之相互独立的方程方可求解。这个方程也是不难找到的，因为理想电流源所在支路的支路电流 i_3 等于 i_s，i_3 又等于两个网孔电流代数和，所以可写出辅助方程为

$$i_B - i_A = i_s$$

用网孔电流法求解如图 2-16（a）所示的电路所需的方程为

$$(R_1 + R_3)i_A - R_3i_B = -u_x + u_{s1}$$
$$-R_3i_A + (R_2 + R_3)i_B = u_x + u_{s2}$$
$$-i_A + i_B = i_s$$

采用上述方法有 3 个未知数，需要列写 3 个方程，较为复杂。另外一种求解该电路的简便方法如图 2-16（b）所示。

对如图 2-16（a）所示的电路做扭动变形，使理想电流源所在支路单独属于某一网孔，如图 2-16（b）所示。理想电流源支路单独属于网孔 B，设网孔 B 中 i_s 与 i_B 方向一致，则

$$i_B = i_s$$

所以只需要列出网孔 A 的一个方程即可求解。网孔 A 的方程为

$$(R_1 + R_2)i_A + R_2i_s = u_{s1} + u_{s2}$$

所以有

$$i_A = \frac{u_{s1} + u_{s2} - R_2i_s}{R_1 + R_2}$$

进一步可求得电流为

$$i_1 = i_A = \frac{u_{s1} + u_{s2} - R_2 i_s}{R_1 + R_2}$$

$$i_2 = i_1 + i_s = \frac{u_{s1} + u_{s2} + R_1 i_s}{R_1 + R_2}$$

图 2-16（c）是不对原电路做扭动变形，而在原电路中选择回路电流的方法。网孔电流法是回路法的特例，回路法是找出独立回路（它不一定是网孔），设出回路电流，按独立回路列写方程、求解电路的方法。独立回路的寻找方法与支路电流法中所介绍的一样，即使所选回路都包含一条其他回路所没有的新支路。例如，图 2-16（c）中 i_A、i_B 回路的选取，以及在图 2-14（a）中将网孔电流 i_A 改选为虚线所示的独立回路电流，其他两网孔电流不变，列写回路方程。

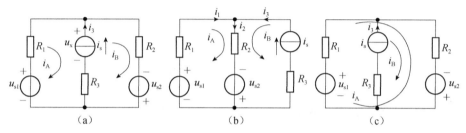

图 2-16　例 2.7 用图

这里说明以下两点。

（1）网孔电流法是回路法的特殊情况。网孔只是平面电路中的一组独立回路，不过许多实际电路都属于平面电路，选取网孔作为独立回路方便易行，所以把这种特殊条件下的回路法归纳为网孔电流法。

（2）回路法更具有一般性，它不仅适用于分析平面电路，而且适用于分析非平面电路，在使用中还具有一定的灵活性。

对于有理想电流源的电路在求解时应注意以下两点。

（1）当理想电流源在所选网孔电流的公共支路上时，若使用网孔电流法分析，则一定要注意理想电流源上有电压，并且要在电路图上画出规定的电压参考方向，以便在写网孔方程时将理想电流源上的电压考虑进去。

（2）对有理想电流源的电路进行分析，也可以采用回路法，让理想电流源上流过单一的网孔电流，避免对理想电流源所在回路列写方程，从而避开对理想电流源上电压的设置；有受控电流源的电路的处理方式与有理想电流源的电路的处理方式相同。

【思考与练习2.2】

2-5　列出如图 2-17 所示的电路中的 3 个网孔方程。

2-6　电路如图 2-18 所示，用网孔电流法求 U_1。

2-7　电路如图 2-19 所示，用网孔电流法求 I_A，并求受控源提供的功率 P_k。

2-8　用网孔电流法分析如图 2-20 所示的电路。

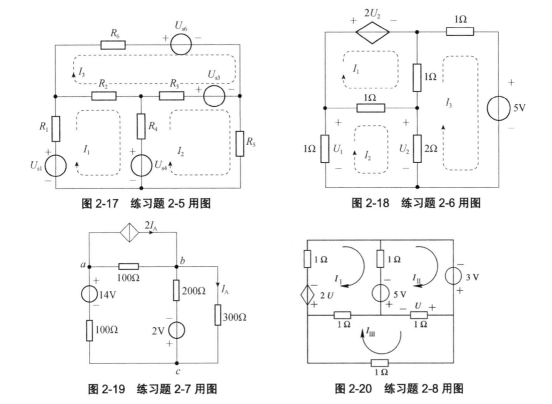

图 2-17 练习题 2-5 用图

图 2-18 练习题 2-6 用图

图 2-19 练习题 2-7 用图

图 2-20 练习题 2-8 用图

2.3 节点电位法

和网孔电流法相对应的另一种简化电路的计算方法叫作节点电位法。2.2 节介绍的网孔电流法中的网孔电流是相互独立且完备的变量，它自动满足 KCL，仅应用 KVL 列写方程就可求解电路。由此我们自然会联想到能否找到另外一种变量，它自动满足 KVL，仅应用 KCL 列方程就可以求解电路。本节讨论的节点电位正是这样一种变量。

2.3.1 节点电位

在电路分析中使用的节点电压是一组完备的独立电压变量。在电路中，任选一节点作为参考点，其余节点到参考点之间的电压降就叫作这个节点的电位。

在如图 2-21 所示的电路中，若选节点 4 作为参考点（亦可选其他节点作为参考点），则其余 3 个节点（节点 1、2、3）的电位分别设为 v_1、v_2、v_3。显然，这个电路中任意两点间的电压、任一支路上的电流都可应用已知的节点电位求出。例如，支路电流分别为

$$i_1 = G_1 v_1$$
$$i_2 = G_2 (v_1 - v_2)$$
$$i_3 = G_3 v_2$$
$$i_4 = G_4 (v_2 - v_3)$$

电导 G_5 对应的吸收功率为

$$P_5 = G_5 (v_1 - v_3)^2$$

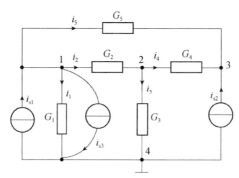

图 2-21 节点电位法分析图

由此可见，只要求出了节点电压，就可求出电路中的其他量，这也说明了节点电位是完备的独立变量。

观察图 2-21 可见，对电路中任何一个回路列写 KVL 方程，回路中的节点电位一定出现一次正号、一次负号。例如，在 G_2、G_4、G_5 所在的回路中，由 KVL 列写方程为 $u_{12} + u_{23} + u_{31} = 0$。将方程中各电压用电位差表示，为

$$v_1 - v_2 + v_2 - v_3 + v_3 - v_1 = 0$$

这说明各节点电压不能用 KVL 相联系。因为沿任一回路的各支路电压，如以节点电位表示，其代数和恒等于零。

2.3.2 节点电位法概述

以各节点电位为未知量，通过支路 VAR 将各支路电流用未知节点电位表示，根据 KCL 列节点电流方程（简称节点方程），求解出各节点电位，进而求出电路中的电流、电压、功率等，这种分析法称为节点电位法。下面以如图 2-21 所示的电路为例来分析节点方程的列写过程，并从中归纳总结出简便的列写方程的方法。参考点与各节点如图 2-21 中所标，设出各支路电流，通过支路 VAR 将各支路电流用节点电位表示，即

$$\begin{cases} i_1 = G_1 v_1 \\ i_2 = G_2(v_1 - v_2) \\ i_3 = G_3 v_2 \\ i_4 = G_4(v_2 - v_3) \\ i_5 = G_5(v_1 - v_3) \end{cases} \quad (2\text{-}22)$$

现在根据 KCL 列出节点 1、2、3 的 KCL 方程，设流出节点的电流取正号，流入节点的电流取负号，可得

$$\begin{cases} i_1 + i_2 + i_5 - i_{s1} + i_{s3} = 0 \\ i_3 + i_4 - i_2 = 0 \\ -i_4 - i_5 - i_{s2} = 0 \end{cases} \quad (2\text{-}23)$$

将式（2-22）代入式（2-23），合并整理后得

$$\begin{cases} (G_1 + G_2 + G_5)v_1 - G_2 v_2 - G_5 v_3 = i_{s1} - i_{s3} \\ -G_2 v_1 + (G_2 + G_3 + G_4)v_2 - G_4 v_3 = 0 \\ -G_5 v_1 - G_4 v_2 + (G_4 + G_5)v_3 = i_{s2} \end{cases} \quad (2\text{-}24)$$

将式（2-24）写成一般形式为

$$\begin{bmatrix} G_1 + G_2 + G_5 & -G_2 & -G_5 \\ -G_2 & G_2 + G_3 + G_4 & -G_4 \\ -G_5 & -G_4 & G_4 + G_5 \end{bmatrix}\begin{bmatrix} v_1 \\ v_2 \\ v_3 \end{bmatrix} = \begin{bmatrix} i_{s1} - i_{s3} \\ 0 \\ i_{s2} \end{bmatrix} \tag{2-25}$$

将式（2-25）写成一般形式为

$$\begin{bmatrix} G_{11} & G_{12} & G_{13} \\ G_{21} & G_{22} & G_{23} \\ G_{31} & G_{32} & G_{33} \end{bmatrix}\begin{bmatrix} v_1 \\ v_2 \\ v_3 \end{bmatrix} = \begin{bmatrix} \left(\sum i_s\right)_1 \\ \left(\sum i_s\right)_2 \\ \left(\sum i_s\right)_3 \end{bmatrix} \tag{2-26}$$

由式（2-25）和式（2-26）可以看出，节点电压方程有以下的规律性。

（1）$G_{11} = G_1 + G_2 + G_5$，是连接于节点 1 的所有电导之和。

（2）$G_{22} = G_2 + G_3 + G_4$，是连接于节点 2 的所有电导之和。

（3）$G_{33} = G_4 + G_5$，是连接于节点 3 的所有电导之和。

（4）G_{11}、G_{22}、G_{33} 称为自电导，恒取正。G_{12}、G_{13}、G_{23} 等为独立节点间的公共电导，称为互电导。只要两节点（参考点除外）间有公共电导，互电导就恒取负。

（5）$\left(\sum i_s\right)_1$、$\left(\sum i_s\right)_2$、$\left(\sum i_s\right)_3$ 分别为流入节点 1、2、3 的电流的代数和，流入节点的电流取正，流出节点的电流取负。

根据节点方程的上述规律性，可以直接列写标准形式的方程，不必再从原始的 KCL 方程推导。下面举例说明。

例 2.8　在如图 2-22 所示的电路中，求电导 G_1、G_2、G_3 对应的电流及 3 个电流源分别产生的功率。

解： 采用节点电位法求解。

第一步：选参考点，设节点电位。对本问题，选节点 4 为参考点，设节点 1、2、3 的电位分别为 v_1、v_2、v_3。若电路接地点已给出，就不需要再选参考点，只需设出节点电位。

第二步：观察电路，应用式（2-26）直接列写方程。一般通过心算求出各节点的自电导、互电导和等效电流源电流，并将其代入通式写出方程。当然也可写出求自电导、互电导、等效电流源电流的过程。对本例电路，有

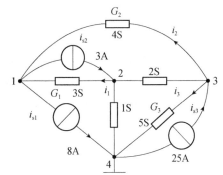

图 2-22　例 2.8 用图

$$G_{11} = 3 + 4 = 7\text{S}, \quad G_{12} = -3\text{S}, \quad G_{13} = -4\text{S}$$

$$G_{21} = -3\text{S}, \quad G_{22} = 1 + 2 + 3 = 6\text{S}, \quad G_{23} = -2\text{S}$$

$$G_{31} = -4\text{S}, \quad G_{32} = -2\text{S}, \quad G_{33} = 5 + 2 + 4 = 11\text{S}$$

$$i_{s11} = -3 - 8 = -11\text{A}, \quad i_{s22} = 3\text{A}, \quad i_{s33} = 25\text{A}$$

第三步：将求得的自电导、互电导、等效电流源电流代入式（2-26），得

$$\begin{cases} 7v_1 - 3v_2 - 4v_3 = -11 \\ -3v_1 + 6v_2 - 2v_3 = 3 \\ -4v_1 - 2v_2 + 11v_3 = 25 \end{cases} \tag{2-27}$$

利用克莱姆法则解式（2-27），得

$$\varDelta = \begin{bmatrix} 7 & -3 & -4 \\ -3 & 6 & -2 \\ -4 & -2 & 11 \end{bmatrix} = 191, \quad \varDelta_1 = \begin{bmatrix} -11 & -3 & -4 \\ 3 & 6 & -2 \\ 25 & -2 & 11 \end{bmatrix} = 191,$$

$$\varDelta_2 = \begin{bmatrix} 7 & -11 & -4 \\ -3 & 3 & -2 \\ -4 & 25 & 11 \end{bmatrix} = 382, \quad \varDelta_3 = \begin{bmatrix} 7 & -3 & -11 \\ -3 & 6 & 3 \\ -4 & -2 & 25 \end{bmatrix} = 573$$

从而求得节点电位为

$$v_1 = \frac{\varDelta_1}{\varDelta} = \frac{191}{191}\text{V} = 1\text{V}, \quad v_2 = \frac{\varDelta_2}{\varDelta} = \frac{382}{191}\text{V} = 2\text{V}, \quad v_3 = \frac{\varDelta_3}{\varDelta} = \frac{573}{191}\text{V} = 3\text{V}$$

第四步：由求得的各节点电位，求题目中需要求的各量。先求 3 个电导对应的电流。设电导 G_1、G_2、G_3 对应的电流分别为 i_1、i_2、i_3，参考方向如图 2-22 中所标，由欧姆定律的电导形式可算得 3 个电流分别为

$$i_1 = G_1 u_{21} = 3\text{S} \times (v_2 - v_1) = 3\text{S} \times (2-1)\text{V} = 3\text{A}$$

$$i_2 = G_2 u_{31} = 4\text{S} \times (v_3 - v_1) = 4\text{S} \times (3-1)\text{V} = 8\text{A}$$

$$i_3 = G_3 u_3 = 5\text{S} \times 3\text{V} = 15\text{A}$$

再求电流源产生的功率。设 P_{s1}、P_{s2}、P_{s3} 分别代表电流源产生的功率。由电路产生功率的公式，得

$$P_{s1} = -i_{s1}v_1 = -8\text{A} \times 1\text{V} = -8\text{W}$$

$$P_{s2} = -i_{s2}(v_1 - v_2) = -3\text{A} \times (-1)\text{V} = 3\text{W}$$

$$P_{s3} = i_{s3}v_3 = 25\text{A} \times 3\text{V} = 75\text{W}$$

使用节点电位法的一般步骤如下。

（1）在电路中选择一个合适的参考点，其余节点电压为待求量（有的可能已知）。

（2）用电源的等效变换法将电路中所有电压型电源变换为电流型电源（见例 2.9）。

（3）列出所有未知节点电压的节点方程，其中自电导恒为正，互电导恒为负。

（4）联立方程求解节点电压，继而求出其他待求量。

例 2.9　在如图 2-23（a）所示的电路中，各电压源电压、电阻的数值如图 2-23（a）上所标，求各支路上的电流。

解：在一些电路中，常给出电阻参数和电压源形式的激励。在这种情况下，当应用节点分析法分析电路时，可先应用电源的等效变换法将电压型电源变换为电流型电源，各电阻参数换算为电导参数，如图 2-23（b）所示。在图 2-23（b）中，设节点 3 为参考点，并设节点 1、2 的电位分别为 v_1、v_2，可得方程组为

$$\begin{cases} \left(\dfrac{1}{5} + \dfrac{1}{20} + \dfrac{1}{2} + \dfrac{1}{4}\right)v_1 - \left(\dfrac{1}{2} + \dfrac{1}{4}\right)v_2 = \left(3 + \dfrac{10}{4}\right) \\ -\left(\dfrac{1}{2} + \dfrac{1}{4}\right)v_1 + \left(\dfrac{1}{2} + \dfrac{1}{4} + \dfrac{1}{10} + \dfrac{1}{20}\right)v_2 = \left(\dfrac{4}{10} - \dfrac{10}{4}\right) \end{cases} \tag{2-28}$$

化简为

$$\begin{cases} v_1 - \dfrac{3}{4}v_2 = \dfrac{11}{2} \\ -\dfrac{3}{4}v_1 + \dfrac{9}{10}v_2 = -\dfrac{21}{10} \end{cases}$$

解得

$$\Delta = \begin{vmatrix} 1 & -\dfrac{3}{4} \\ -\dfrac{3}{4} & \dfrac{9}{10} \end{vmatrix} = \dfrac{27}{80}, \quad \Delta_1 = \begin{vmatrix} \dfrac{11}{2} & -\dfrac{3}{4} \\ -\dfrac{21}{10} & \dfrac{9}{10} \end{vmatrix} = \dfrac{270}{80}, \quad \Delta_2 = \begin{vmatrix} 1 & \dfrac{11}{2} \\ -\dfrac{3}{4} & -\dfrac{21}{10} \end{vmatrix} = \dfrac{162}{80}$$

所以，节点电位为

$$v_1 = \frac{\Delta_1}{\Delta} = \frac{\dfrac{270}{80}}{\dfrac{27}{80}}\text{V} = 10\text{V}$$

$$v_2 = \frac{\Delta_2}{\Delta} = \frac{\dfrac{162}{80}}{\dfrac{27}{8}}\text{V} = 6\text{V}$$

图 2-23（b）中各节点电位值就是图 2-23（a）中相应节点的电位值。在图 2-23（a）中设出各支路电流，由支路 VAR 得

$$i_1 = \frac{15 - v_1}{5} = \frac{15 - 10}{5}\text{A} = 1\text{A}, \quad i_2 = \frac{v_1}{20} = \frac{10}{20}\text{A} = 0.5\text{A},$$

$$i_3 = \frac{v_1 - v_2}{2} = \frac{10 - 6}{2}\text{A} = 2\text{A}, \quad i_4 = \frac{10 + (v_2 - v_1)}{4} = \frac{10 - 4}{4}\text{A} = 1.5\text{A},$$

$$i_5 = \frac{v_2}{20} = \frac{6}{20}\text{A} = 0.3\text{A}, \quad i_6 = \frac{4 - v_2}{10} = \frac{4 - 6}{10}\text{A} = -0.2\text{A}$$

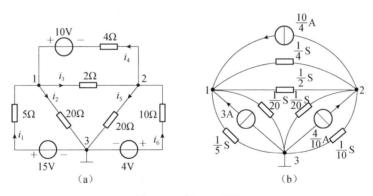

图 2-23　例 2.9 用图

当电路中有电阻与电压源相串联的支路时，要注意以下几点。

（1）在节点分析法掌握熟练之后，可以不画出如图 2-23（b）所示的等效变换电路图，而直接列写方程。

（2）在列写方程时与电压源串联的电阻要换算为电导。

（3）在计算节点等效电流时，该电流的数值等于电压除以该支路的电阻，若电压源正极性端向着该节点则电压值取正号，反之电压值取负号。

当电路中有不串联电阻的电压源时，处理方法见下例。

例 2.10　对如图 2-24 所示的电路，求 u 与 i。

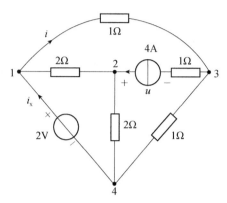

图 2-24　例 2.10 用图

解：本例中电路的节点 1、4 之间有一理想电压源支路，在用节点电位法分析时可按下列步骤处理。

（1）若原电路没有指定参考点，可选择其理想电压源支路所连的两个节点之一作为参考点，如选节点 4 作为参考点，这时节点 1 的电位 v_1=2V，可作为已知量，这样可少列一个方程。设节点 2、3 的电位分别为 v_2、v_3，由电路可写方程组为

$$\begin{cases} \left(\dfrac{1}{2}+\dfrac{1}{2}\right)v_2 - \dfrac{1}{2}\times 2 = 4 \\[2mm] \left(\dfrac{1}{1}+\dfrac{1}{1}\right)v_3 - \dfrac{1}{1}\times 2 = 4 \end{cases} \tag{2-29}$$

在写式（2-29）时，把 v_1=2V 当作已知量直接代入方程组。因为对求电路的节点电位来说，可以把电路中 1Ω 电阻与 4A 理想电流源相串联的支路等效为一个 4A 电流源支路，所以与 4A 理想电流源串联的 1Ω 电阻不能计入节点 2、3 的自电导，也不能计入节点 2、3 之间的互电导。解式（2-29），得

$$v_2 = 5V, \quad v_3 = -1V$$

从而，由欧姆定律求得

$$i = \frac{u_{13}}{1} = \frac{v_1 - v_3}{1} = \frac{2-(-1)}{1}A = 3A$$

$$u_{23} = -1\times 4 + u = v_2 - v_3 = [5-(-1)]V = 6V$$

所以得

$$u = 6 + 4 = 10V$$

（2）若原题电路的参考点已经给定，如以节点 3 为参考点，则应对理想电压源支路设未知电流 i_x，并设节点 4 的电位为 v_4，对这个电路列写的方程组为

$$\begin{cases} \left(\dfrac{1}{2}+\dfrac{1}{1}\right)v_1 - \dfrac{1}{2}v_2 = i_x \\[2mm] -\dfrac{1}{2}v_1 + \left(\dfrac{1}{2}+\dfrac{1}{2}\right)v_2 - \dfrac{1}{2}v_4 = 4 \\[2mm] -\dfrac{1}{2}v_2 + \left(\dfrac{1}{2}+\dfrac{1}{1}\right)v_4 = -i_x \\[2mm] v_1 - v_4 = 2 \end{cases}$$

解得

$$v_1 = 3\text{V}, \quad v_2 = 6\text{V}, \quad v_4 = 1\text{V}$$

从而算得

$$i = 3\text{A}, \quad u = 10\text{V}$$

所得结果与第一种以节点 4 为参考点的方法完全相同。

当电路中有不串联电阻的电压源时，应注意以下几点。

（1）选择合适的参考点，以避开对电压源支路设未知电流。

（2）若所选择的参考点不是理想电压源支路所连接的两个节点之一，则应对理想电压源支路设未知电流。这是因为节点方程实际上是按照 KCL 列写的节点电流方程，而理想电压源支路上的电流是由理想电压源和外部电路共同决定的，在电路结构一定的情况下，理想电压源供出的电流也是确定的，只是目前还是未知量，所以要设未知电流来满足拓扑约束关系，即 KCL 约束关系。

（3）当增设一个理想电压源支路的电流后，应相应增加一个联系理想电压源支路两端的节点电位的方程。

对此，举例说明。

例 2.11　对如图 2-25 所示的电路，求各支路电流 I_1、I_2。

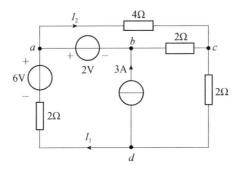

图 2-25　例 2.11 用图

解：本电路的特点是具有理想电压源支路。对于这样的电路，较简单的处理方法是，选择该理想电压源支路所连接的两个节点中的任意一个作为参考点，如选择节点 b 为参考点，那么节点 a 的电位就是已知的，可将它的节点方程省去，而把它的已知电位作为辅助方程列出即可。

上述电路，如果任意选择电路参考点，如节点 d，则在列写 a、b 两个节点的节点方程时，都必须设出理想电压源上的电流 I（设 2V 理想电压源上的电流方向为从 a 至 b），在列方程时计算进去，所以该电路以节点 b 为参考点时的节点电压方程为

$$\begin{cases} U_{\mathrm{na}}=2 \\ -\dfrac{1}{4}U_{\mathrm{na}} + \left(\dfrac{1}{4}+\dfrac{1}{2}+\dfrac{1}{2}\right)U_{\mathrm{nc}} - \dfrac{1}{2}U_{\mathrm{nd}}=0 \\ -\dfrac{1}{2}U_{\mathrm{na}} - \dfrac{1}{2}U_{\mathrm{nc}} + \left(\dfrac{1}{2}+\dfrac{1}{2}\right)U_{\mathrm{nd}} = -\dfrac{6}{2}=-3 \end{cases}$$

解得节点电位后，可计算支路电流，即

$$I_1=\frac{U_{\mathrm{nd}}-U_{\mathrm{na}}+6}{2}$$

$$I_2=\frac{U_{\mathrm{na}}-U_{\mathrm{nc}}}{4}$$

对于含受控源的电路，可以把受控源当作独立源来对待。

例 2.12　对如图 2-26 所示的电路，利用节点电位法求 i_1 和 i_2。

解：本例电路中有一个受控电流源，首先把它当作独立源，并把电压源与电阻的串联等效变换为电流源和电阻的并联。设节点 1、2 的节点电压分别为 v_1、v_2，则可列节点方程组为

$$\begin{cases} (1+1)v_1 - v_2=10+2i_1 \\ \left(1+\dfrac{1}{2}\right)v_2 - v_1 = -2i_1 \end{cases}$$

再将控制量用节点电压表示，即

$$i_1 = 9 - v_1$$

从而可得

$$\begin{cases} 4v_1 - v_2=28 \\ -3v_1 + 1.5v_2=-18 \end{cases}$$

解得

$$i_1 = 1\mathrm{A}$$

$$i_2 = 2\mathrm{A}$$

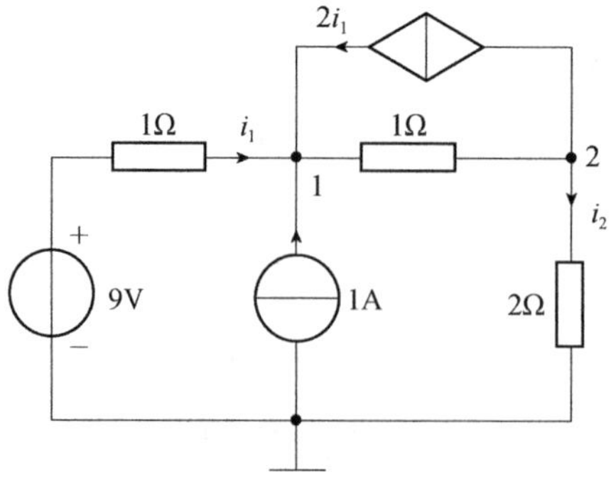

图 2-26　例 2.12 用图

2.3.3　含运算放大器的电路

运算放大器（Operational Amplifier）简称运放，是利用集成电路（IC）技术制作的一种多端器件。它是以硅材料作为衬底，在其上安装许多相连接的晶体管、电阻等元件，并经封装

而成的一个对外具有多个端子的电路器件。运放用来完成对信号的加法、积分、微分等运算，广泛应用于电子通信领域。

运放虽然内部结构复杂，但其端子上的伏安特性并不复杂。本节适当介绍如何利用节点电位法分析含运放的电路。

运放的图形符号如图 2-27 所示，三角形表示信号的单向传递性，即它的输出电压受输入电压的控制，但输入电压不受输出电压的控制。这里给出了 5 个主要端子：标注 $+U$ 和 $-U$ 的两个端子用于提供直流工作电源，标注 "+" 的输入端为同相输入端，标注 "－" 的输入端为反相输入端，u_o 所在的端为输出端。当输入电压施加在同相输入端与公共端之间且其实际方向为从同相输入端指向公共端时，输出电压从输出端指向公共端，即两者的实际方向相同，都指向公共端。当输入电压施加在反相输入端与公共端之间且其实际方向为从反相输入端指向公共端时，输出电压从公共端指向输出端，即两者的实际方向正好相反。

线性运放的电路模型如图 2-28 所示。我们只研究运放的输出对输入的关系，在模型中不必考虑运放内部工作所需的直流电。模型中 R_i 为运放的输入电阻；R_o 为运放的输出电阻；受控源用于表明运放的电压放大作用；A 为运放的电压放大倍数（电压增益）。当 u_+ 和 u_- 同时作用时，受控源电压为

$$A(u_+ - u_-) = Au_d$$

式中，u_d 为差动输入电压。

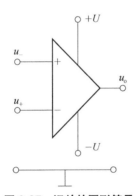

图 2-27 运放的图形符号

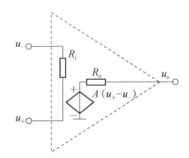

图 2-28 线性运放的电路模型

如果把反相输入端与公共端连接在一起，把输入电压施加在同相输入端与公共端之间，则受控源电压为 Au_+；如果把同相输入端与公共端连接在一起，把输入电压施加在反相输入端与公共端之间，则受控源电压为 Au_-，其中负号表明输出反相的作用。当 R_o 可以忽略不计时，上述受控源的电压就是运放的输出电压，即

$$u_o = A(u_+ - u_-) = Au_d \tag{2-30}$$

实际运放模型中 3 个参数的典型数据如表 2-1 所示。

表 2-1 实际运放模型中 3 个参数的典型数据

参　　数	名　　称	典型数据	理　想　值
A	放大倍数	$10^5 \sim 10^7$	∞
R_i	输入电阻	$10^6 \sim 10^{13}\Omega$	∞
R_o	输出电阻	$10 \sim 100\Omega$	0

符合理想值条件的运放称为理想运放，在电路计算中所涉及的都是理想运放。对理想运放来说，输入端的电压和电流有虚短和虚断的重要特点，即

$$u_+ = u_-\qquad\qquad\qquad\text{（2-31）}$$

$$i_+ = i_- = 0\qquad\qquad\qquad\text{（2-32）}$$

因为对理想运放来说，A 为无穷大，而输出电压为有限值，所以由式（2-30）可知，此时 $u_+ - u_- = 0$，从而得到式（2-31）；又由于输入电阻为 ∞，所以不论是同相输入端还是反相输入端，输入电流均为零，从而得到式（2-32）。理想运放的图形符号是在图 2-27 的基础上在三角形内加注 ∞ 字样。一般不必绘出直流电源端。

节点分析法特别适用于分析含运放的电路。在涉及理想运放的情况下，应注意以下规则。

（1）在运放的输出端应假设一个节点电压，但不必为该节点列写节点方程。

（2）在列写节点方程时，注意运用虚短和虚断的概念以减少未知量的数目。

例 2-13　在如图 2-29 所示的含运放的电路中，利用节点电位法求输出电压 u_o。

解：本例虽然复杂，但用节点电位法求解还是比较方便的。由于运放输出端电流为任意值，故不能在节点 b 和 d 处列 KCL 方程。在节点 a 和 c 处可列方程为

$$\begin{cases}(G_1 + G + G_4)v_a - G_1 v_b - G_4 u_o = 0\\(G_1 + G + G_4)v_a - G_1 v_b - G_4 u_o = 0\end{cases}$$

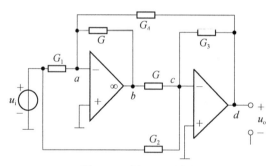

图 2-29　例 2.13 用图

因为 $v_a = v_b = 0$，故有

$$\begin{cases}-G_1 u_i - G v_b - G_4 u_o = 0\\-G v_b - G_2 u_i - G_3 u_2 = 0\end{cases}$$

解得

$$u_o = \frac{G_1 - G_2}{G_3 - G_4}u_i$$

2.4　本章小结

1. 方程法

依据电路的基本定律及元件 VAR 建立方程、求解电路的方法统称方程法，本章中所讨论的支路电流法、网孔电流法、节点电位法都属于此类方法。

（1）支路电流法。

取支路电流为未知量，直接根据 KCL 和 KVL 列写与支路电流数相等的独立方程，从而解

得支路电流。支路电流法的关键在于列写与支路电流数相等的独立方程,即对于具有 b 条支路、n 个节点的电路,运用 KCL 列出 $n-1$ 个独立的节点电流方程,运用 KVL 列出 $b-(n-1)$ 个独立的回路电压方程,其独立方程总数为 $(n-1)+[b-(n-1)]=b$ 个,等于电路的支路数。

（2）网孔电流法。

假设在网孔中有网孔电流流动,并设此电流为未知量,列写网孔回路的 KVL 方程。在网孔电流法中,不需要再列写 KCL 方程,因为对于每个节点,网孔电流自动满足 KCL 方程。因此,使用网孔电流法比使用支路电流法所需列的方程个数少。此法具有只适用于平面电路的局限性。

（3）节点电位法。

在给定的电路中,任取一个节点作为参考点,令此节点电位为零,其余 $n-1$ 个节点与参考点间的电位差就是该节点电位。设 $n-1$ 个节点电位为未知量,列写 $n-1$ 个节点的 KCL 方程。解联立方程组即可得到各节点电位,进而采用欧姆定律求得各支路电流、电压、功率。此法不仅适用于平面电路,还适用于立体电路。网孔电流法、节点电位法列方程的个数明显少于支路电流法,所以在用手算法解电路时,如果使用方程法,一般选用网孔电流法或节点电位法,很少选用支路电流法。当平面电路的网孔个数少于或等于独立节点数时,一般选网孔电流法分析、求解较为简单;反之,选用节点电位法分析、求解较为简单。

（4）在用节点电位法分析含纯电压源（或纯受控电压源）支路的电路时,由于纯电压源（或纯受控电压源）不满足欧姆定律,因此无法列出 KCL 方程,为此要设纯电压源（或纯受控电压源）支路的电流为未知量,同时补充一个辅助方程,即电压源电压与其所在支路节点电位的关系方程。在用网孔电流法分析含纯电流源（或纯受控电流源）支路的电路时,由于纯电流源（或纯受控电流源）不满足欧姆定律,因此无法列出 KVL 方程,为此要令纯电流源（或纯受控电流源）所在回路的网孔电流等于电流源的电流,或设电流源的端电压为未知量,同时补充一个辅助方程,即电流源电流与其所在支路相邻回路电流的关系方程。这是本章的重点,也是难点。

（5）运放是一种有源元件,用受控电压源来作为模型,其端子的主要特点是流入两个输入端的电流为零和两个输入端同电位。根据电路基本定律和这两个特点可以分析含运放的电路。

2. 方程通式

（1）网孔方程通式为

$$\begin{cases} R_{11}i_A + R_{12}i_B + R_{13}i_C = u_{s11} \\ R_{21}i_A + R_{22}i_B + R_{23}i_C = u_{s22} \\ R_{31}i_A + R_{32}i_B + R_{33}i_C = u_{s33} \end{cases}$$

式中,自电阻 R_{jj}（ $j=1,2,3$ ）等于该网孔的各支路上所有电阻相加;互电阻 R_{jk}（ $j,k=1,2,3$ 且 $j \neq k$ ）等于两网孔公共支路上所有电阻相加,当两网孔电流流经公共支路时,方向一致取正号,反之取负号;等效电压源电压 u_{sjj}（ $j=1,2,3$)等于该网孔内各电压源电压的代数和,按电位升的方向取正号。

（2）节点方程通式为

$$\begin{cases} G_{11}v_1 + G_{12}v_2 + G_{13}v_3 = i_{s11} \\ G_{21}v_1 + G_{22}v_2 + G_{23}v_3 = i_{s22} \\ G_{31}v_1 + G_{32}v_2 + G_{33}v_3 = i_{s33} \end{cases}$$

式中，自电导 G_{jj} $(j=1,2,3)$ 等于与节点相连的各支路的电导之和；互电导 G_{jk} $(j,k=1,2,3$且$j \neq k)$ 等于两节点所有公共支路上电导之和取负号；等效电流源的电流 i_{sjj} $(j=1,2,3)$ 等于流入和流出节点的电流的代数和，流入节点的电流取正号，流出节点的电流取负号。

习题2

习题2-1　电路如题图2-1所示，试用网孔电流法求电压u_1。

习题2-2　电路如题图2-2所示，试用网孔电流法求电压u。

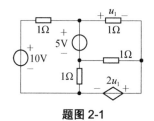

题图2-1

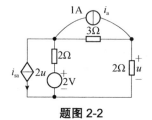

题图2-2

习题2-3　电路如题图2-3所示，试用网孔电流法求电流i_1和i_2。

习题2-4　电路如题图2-4所示，试用节点电位法求电压u。

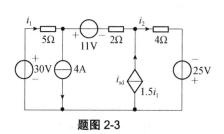

题图2-3

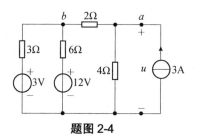

题图2-4

习题2-5　电路如题图2-5所示，试用节点电位法求电流i。

习题2-6　电路如题图2-6所示，试求电压U_{ab}。

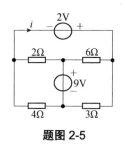

题图2-5

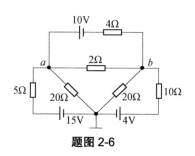

题图2-6

习题2-7　电路如题图2-7所示，求各独立节点电压U_a、U_b和U_c。

习题2-8　电路如题图2-8所示，试用网孔电流法求u_1和u_x。

习题2-9　含运放的电路如题图2-9所示，试求电压增益（$k=U_o/U_s$，运放同相输入端和反相输入端的电流为零）。

习题2-10　求如题图2-10所示的电路中$50k\Omega$电阻中的电流I_{ab}。

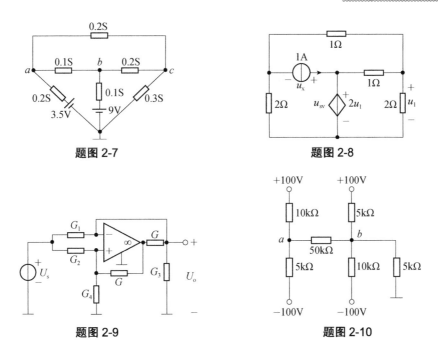

题图 2-7　　　　　　　　　　　　题图 2-8

题图 2-9　　　　　　　　　　　　题图 2-10

习题 2-11　　试用节点电位法求如题图 2-11 所示电路中的 U_1 及受控源的功率。

习题 2-12　　试列出求如题图 2-12 所示电路中的 U_o 所需的节点方程。

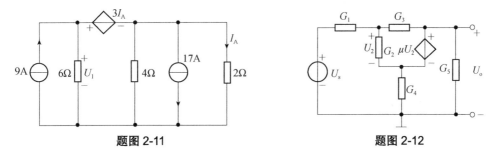

题图 2-11　　　　　　　　　　　　题图 2-12

习题 2-13　　用网孔电流法求如题图 2-13 所示电路中的网孔电流。

习题 2-14　　仅列一个方程，求如题图 2-14 所示电路中的电流 i 。

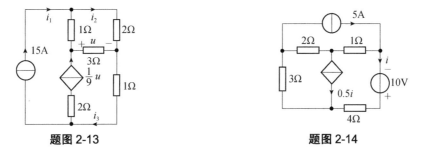

题图 2-13　　　　　　　　　　　　题图 2-14

习题 2-15　　用支路电流法求如题图 2-15 所示电路中的电流 i_1，并求出如题图 2-15（b）所示的电路中电流源的功率。

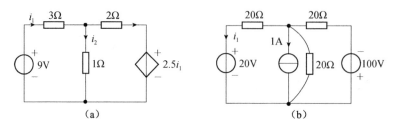

题图 2-15

习题 2-16 用节点电位法求如题图 2-16 所示电路中的 u 和 i。

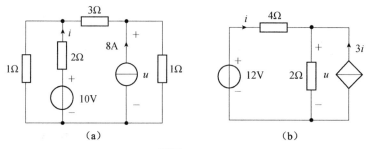

题图 2-16

习题 2-17 用节点电位法求如题图 2-17 所示电路中的 u_a、u_b、u_c。

习题 2-18 求如题图 2-18 所示电路中电流源两端的电压 u。

（1）用节点电位法求解。

（2）对除电流源之外的电路做等效变换后再求这一电压。

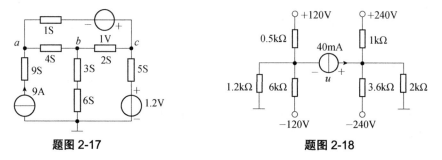

题图 2-17   题图 2-18

第3章　电路的基本定理

【提要】本章主要介绍电路分析的基本定理：齐次定理、叠加定理、置换定理、戴维南定理（等效电源定理）与诺顿定理。这些定理在电路理论的研究和分析与计算中十分有用。齐次定理和叠加定理反映线性电路的基本性质；置换定理适用于具有唯一解的任何网络，并反映电路分析的一种思路；由此推出的戴维南定理和诺顿定理，不仅具有重要的理论意义，也是分析与计算线性复杂电路的重要方法，是本章的学习重点。

3.1　线性电路的齐次定理与叠加定理

3.1.1　线性电路的齐次定理

线性电路是指包含线性元件和独立电源的电路。线性电路的特性表现为电路中的响应变量（支路电压和电流）与激励（独立电源的电压与电流）之间的关系。齐次性是线性电路的特性之一。所谓齐次性，是指当激励增大（或减小）k 倍时，响应同样增大（或减小）k 倍。当线性电路中只含有一个独立电源时，电路中各处电压与电流与该独立电源的电压与电流成齐次关系，在电阻性电路中成比例关系。

例 3.1　图 3-1 所示为一个线性纯电阻网络 N_R，其内部结构不详。已知当 u_s=1V、i_s=1A 时，响应 u_2=0；当 u_s=10V、i_s=0A 时，响应 u_2=1V。问当 u_s=30V、i_s=10A 时，响应 u_2 为多少？

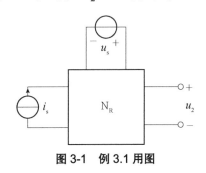

图 3-1　例 3.1 用图

解：

$$u_2 = k_1 u_s + k_2 i_s$$

式中，k_1、k_2 为未知的比例常数，k_1 的量纲为 1，k_2 的单位为 Ω。

列方程组为

$$\begin{cases} k_1 \times 1 + k_2 \times 1 = 0 \\ k_1 \times 10 + k_2 \times 0 = 1 \end{cases}$$

解得

$$k_1 = 0.1, \quad k_2 = -0.1\Omega$$

故

$$u_2 = 0.1 \times 30 + (-0.1) \times 10 = 2\text{V}$$

例 3.2 求如图 3-2 所示的梯形电阻电路中的电压 u。

解：由线性电路的齐次性可知 $u = ki_s$。可以假定一个 u 值，如 $u=2$V，逐步推出 i_s 应取的值。在求出 k 后，再用实际 i_s 值计算实际 u 值。为了说明计算过程，在电路图上标出电压、电流的参考方向，如图 3-3 所示。逐步应用电阻分压、分流公式及 KVL、KCL 可得

$$i_1 = 1\text{A}, \quad u_2 = u_1 + u = 3\text{V}, \quad i_2 = 0.5\text{A}$$
$$i_3 = 1 + 0.5 = 1.5\text{A}, \quad u_3 = 4i_3 = 6\text{V}$$
$$u_4 = u_3 + u_2 = 9\text{V}, \quad i_4 = 9/2 = 4.5\text{A}$$
$$i_5 = i_3 + i_4 = 6\text{V}$$

故推导出 $i_s=-6$A，可知 $k = u/i_s = 2/-6 = -1/3\Omega$，因此当 $i_s=3$A 时，$u=ki_s=-1$V。

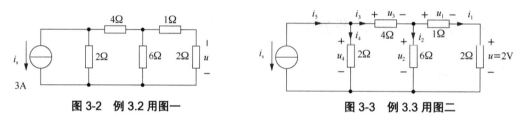

图 3-2　例 3.2 用图一　　　　　图 3-3　例 3.3 用图二

3.1.2　线性电路的叠加定理

线性电路的另一个重要特性是叠加性，即电路中的响应与多个激励之间具有叠加关系。这种特性可用叠加定理描述：在任何由线性元件、线性受控源及独立源组成的线性电路中，每条支路的响应（电压或电流）都可以看作各个独立电源单独作用时在该支路中产生响应的代数和。

本节以如图 3-4 所示的电路为例，从大家熟悉的网孔电流法入手，验证叠加定理的正确性。

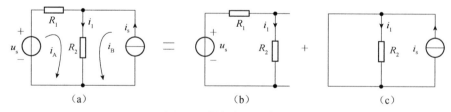

图 3-4　叠加定理示意图

求电流 i_1，可用网孔电流法。设网孔电流为 i_A、i_B，由图 3-4（a）可知 $i_B=i_s$，对网孔 A 列出的 KVL 方程为

$$(R_1 + R_2)i_A + R_2 i_s = u_s$$

所以有

$$i_A = \frac{u_s}{R_1 + R_2} - \frac{R_2}{R_1 + R_2} i_s$$

于是可得

$$i_1 = i_A + i_B = \frac{1}{R_1 + R_2} u_s + \frac{R_1}{R_1 + R_2} i_s$$

这一结果是通过网孔电流法得出的，当然是正确的。如果令 $i_1' = \dfrac{u_s}{R_1 + R_2}$，$i_2' = \dfrac{R_1}{R_1 + R_2} i_s$，则可将电流 i_1 写为

$$i_1 = i_1' + i_1''$$

式中，i_1' 表示仅 u_s 作用而 i_s 不作用（电流源电流为零，视为开路）时 R_2 对应的电流；i_1'' 表示仅 i_s 作用而 u_s 不作用（电压源电压为零，视为短路）时 R_2 对应的电流。由此可验证叠加定理是正确的。

在应用叠加定理时应注意以下几个方面。

（1）叠加定理仅适用于在线性电路中求解电压和电流响应，而不能用来计算功率，不过可用叠加定理求得原电路的电压和电流后，再求功率。

例如，求某电路中流过电阻的电流 i_1 及其电压 u_1，根据叠加定理可以分别表示为

$$i_1 = i_1' + i_1'', \quad u_1 = u_1' + u_1''$$

该电阻的功率应该为

$$P_1 = u_1 i_1 = (u_1' + u_1'')(i_1' + i_1'') = u_1' i_1' + u_1'' i_1'' + u_1'' i_1' + u_1' i_1''$$

如果错误地采用叠加定理求功率，则有

$$P_1 = u_1' i_1' + u_1'' i_1''$$

由此可见，如果用叠加定理来计算功率，将失去交叉乘积项（由一个电源所产生的电压与由另一个电源所产生的电流相互作用产生的功率项）。

（2）应用叠加定理求电压、电流是对代数量进行叠加，应特别注意各代数量的符号。

（3）当一个独立源作用时，其他独立源的值都应等于零，即独立理想电压源短路，独立理想电流源开路。

（4）若电路中含有受控源，则在应用叠加定理时，受控源不要单独作用（单独作用会使问题的分析与计算复杂化），独立源在每次单独作用时受控源要保留其中，其数值随每个独立源单独作用时控制量数值的变化而变化。

（5）叠加的方式是任意的，可以一次使一个独立源单独作用，也可以一次使几个独立源同时作用，方式的选择取决于是否可使分析与计算简便。

例 3.3　在如图 3-5（a）所示的电路中，求电压 u_{ab} 和电流 i_1。

解：本例电路中独立源数目较多，如果每个独立源单独作用一次，需要绘出 4 个分解图，计算 4 次，比较麻烦。这里采用独立源"分组"作用，即 3A 的独立电流源单独作用一次，其余独立源共同作用一次，绘两个分解图。

由图 3-5（b）得

$$u_{ab}' = (6 // 3 + 1) \times 3 = 9 \text{V}$$

$$i_1' = \frac{3}{3 + 6} \times 3 = 1 \text{A}$$

由图 3-5（c）得

$$i_1'' = \frac{6+12}{6+3} = 2A$$

$$u_{ab}'' = 6 \cdot i_1'' - 6 + 2 \times 1 = 6 \times 2 - 6 + 2 = 8V$$

由叠加定理得

$$u_{ab} = u_{ab}' + u_{ab}'' = 9 + 8 = 17V$$

$$i_{ab} = i_{ab}' + i_{ab}'' = 1 + 2 = 3A$$

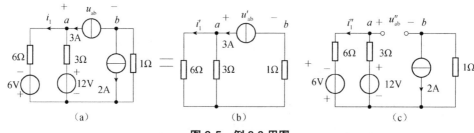

图 3-5　例 3.3 用图

例 3.4　在如图 3-6（a）所示的电路中含有一个受控源，求电流 i、电压 u。

解：在应用叠加定理分析含受控源的电路时，受控源不能单独作用。将图 3-6（a）分解为图 3-6（b）、（c）。

由图 3-6（b）得

$$i' = \frac{10 - 2i'}{2+1}, \quad u' = 1 \times i' + 2i' = 3i'$$

解得

$$i' = 2A, \quad u' = 3i' = 3 \times 2 = 6V$$

由图 3-6（c）得

$$2i'' + 1 \times (5 + i'') + 2i'' = 0$$

解得

$$i'' = -1A, \quad u'' = -2i'' = -2 \times (-1) = 2V$$

由叠加定理得

$$i = i' + i'' = 2 + (-1) = 1A$$

$$u = u' + u'' = 6 + 2 = 8V$$

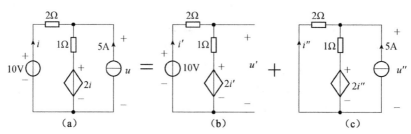

图 3-6　例 3.4 用图

【思考与练习 3.1】

3-1　应用叠加定理求如图 3-7 所示电路中的电压 u_2。

3-2　电路如图 3-8 所示，当开关 S 在位置"1"时，毫安表读数为 40mA；当开关 S 在位置"2"时，毫安表读数为-60mA。问当开关 S 在位置"3"时，毫安表的读数为多少？

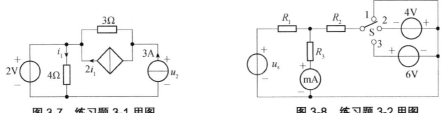

图 3-7　练习题 3-1 用图　　　　　　　　图 3-8　练习题 3-2 用图

3-3　电路如图 3-9 所示，当 2A 的电流源未接入电路时，3A 的电流源向纯电阻网络提供的功率为 54W，u_2=12V；当 3A 的电流源未接入电路时，2A 的电流源向纯电阻网络提供的功率为 28W，u_3=8V。求两电流源同时接入电路时各电流源的功率。

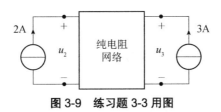

图 3-9　练习题 3-3 用图

3.2　置换定理

置换定理（又称替代定理）可表述为在具有唯一解的线性或非线性网络中，若已知某条支路的电压为 u_k 或电流为 i_k，且该支路与电路中其他支路无耦合，则无论该支路是由什么元件组成的，都可用下列任何一个元件去置换：

（1）电压为 u_k 的理想电压源；

（2）电流为 i_k 的理想电流源；

（3）阻值为 u_k/i_k 的电阻。

置换定理不仅适用于直流网络，还适用于正弦交流网络。并非只有一个二端元件或一条支路可以用理想电压源或理想电流源代替，任何一个二端网络（包括有源二端网络）都可以用理想电压源或理想电流源代替。下面举例说明置换定理的正确性。

在如图 3-10（a）所示的电路中，先应用节点电位法计算出各支路电流及 ab 支路的电压。列写节点方程，得

$$\left(\frac{1}{1}+\frac{1}{2}\right)u_a=\left(-\frac{4}{2}+8\right)V=6V,\quad u_{ab}=u_a=4V$$

设各支路电流分别为 i_1、i_2、i_3，由图 3-10（a）可见 $i_1=8A$，由欧姆定律得 $i_2=u_{ab}/1\Omega=(4/1)A=4A$，再由 KCL 得 $i_3=i_1-i_2=(8-4)A=4A$。这些结果的正确性毋庸置疑。

将 ab 支路用 4V 的理想电压源置换，如图 3-10（b）所示，并设出支路电流，得

$$u_{ab}=4V,\quad i_2=u_{ab}/1=4A,\quad i_1=8A,\quad i_3=i_1-i_2=(8-4)A=4A$$

同样可以将 ab 支路用 4A 的理想电流源置换，如图 3-10（c）所示，或将 ab 支路用 1Ω 的电阻来置换，如图 3-10（d）所示，计算出的各支路电流 i_1、i_2、i_3 及 u。与由置换以前的原

电路经节点电位法计算出的结果完全相同，这就验证了置换定理的正确性。

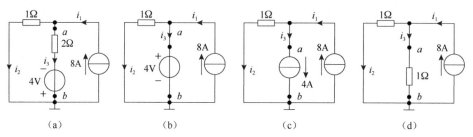

图 3-10 验证置换定理正确性的电路

例 3.5 电路如图 3-11 所示，已知 $u_{ab} = 0$，求电阻 R。

解： 本题有一个未知电阻 R，直接应用节点电位法或网孔电流法求解较为麻烦，因为未知电阻 R 在方程的系数中，整理化简方程的工作量比较大。如果根据已知的 $u_{ab} = 0$ 的条件求得 ab 支路上的电流 i，即

$$u_{ab} = -3i + 3 = 0 \rightarrow i = 1\text{A}$$

则可用 1A 的电流源置换 ab 支路，如图 3-11（b）所示。

对节点 a 列方程为

$$\left(\frac{1}{2} + \frac{1}{4}\right)u_a - \frac{1}{4} \times 20 = 1$$

解得

$$u_a = 8\text{V}$$

又因为 $u_{ab} = 0$，所以 $u_b = u_a = 8\text{V}$。

在图 3-11（a）中设出支路电流 i_1 及电压 u_R。由欧姆定律及 KCL 得

$$i_1 = \frac{v_b}{8} = \frac{8}{8}\text{A} = 1\text{A}$$

$$i_R = i_1 + i = (1+1)\text{A} = 2\text{A}$$

$$u_R = u_c - u_b = (20-8)\text{V} = 12\text{V}$$

$$R = \frac{u_R}{i_R} = \frac{12}{2}\Omega = 6\Omega$$

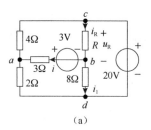 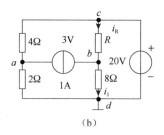

图 3-11 例 3.5 用图

【思考与练习】

3-4 电路如图 3-12 所示，已知 $I=1\text{A}$，试用置换定理求 U_s 的值。

3-5 电路如图 3-13 所示，已知 $I=1\text{A}$，试用置换定理求 R 的值。

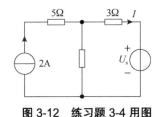

图 3-12　练习题 3-4 用图

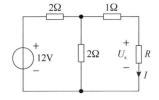

图 3-13　练习题 3-5 用图

3.3　戴维南定理与诺顿定理

第 1 章介绍了有源二端网络的简化问题，其主要思路是按电源的两种形式等效互换的原则逐步将网络简化。本节介绍由戴维南定理或诺顿定理得到的等效电路，这仍然是针对有源二端网络的简化问题，它适用于解决复杂线性网络的分析与计算问题，应用十分广泛。下面先介绍二端网络。

任何一个具有两个端子与外部电路相连接的网络，不管其内部结构如何，都称为二端网络，也称为一端口网络（单口网络）。图 3-14 所示的两个网络都是二端网络。

根据网络内部是否含有独立电源，二端网络又可分为有源二端网络和无源二端网络。图 3-14（a）是无源二端网络，图 3-14（b）是有源二端网络。因为受控源不是独立源，所以在网络中受控源应与无源元件一样对待。

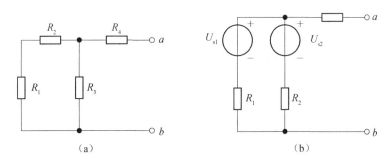

图 3-14　有源与无源二端网络

3.3.1　无源及有源线性二端网络的等效电阻

首先讨论无源线性二端网络的等效电阻的计算法。

任何一个无源线性二端网络，其端电压与电流总是呈线性关系，它们的比值是一个常数。所以一个无源线性二端网络总是可以用一个等效电阻 R_{eq} 来代替，该等效电阻也称为网络的输入电阻。

无源线性二端网络的等效电阻一般可用以下两种方法求得。

（1）直接利用电阻的串、并联或 Y-△等效变换逐步化简的方法。这种方法适用于电路结构和元件参数已知的情况。

（2）外加电源法。如图 3-15 所示，在无源线性二端网络的端口施加一个激励 u_s，可计算或测量得到网络端口的响应 i；或在无源线性二端网络的端口施加一个激励 i_s，可计算或测量得到网络端口的响应 u。由此可得等效电阻为

$$R_{eq} = \frac{u_s}{i} = \frac{u}{i_s} \qquad\qquad (3\text{-}1)$$

这种方法适用于结构及元件参数不清楚的情况。

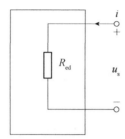

图 3-15 网络的等效电阻测量

然后讨论有源线性二端网络等效电阻的计算方法。

（1）当有源线性二端网络内部不含受控源时，令网络内所有独立源的值为零，得到一个仅含电阻元件的无源线性二端网络，然后运用电阻的串、并联等效化简公式求等效电阻。

（2）当有源线性二端网络内部含有受控源时，一般可以采用以下两种方法来计算等效电阻。

① 外施激励法。令网络内所有独立源的值为零，然后在网络的端口上施加激励 u_s 或 i_s，求出端口电流 i 或 u，则有

$$R_{eq} = \frac{u_s}{i} = \frac{u}{i_s}$$

② 开路短路法。与外施激励法不同，开路短路法适用于有源线性二端网络。分别求出有源线性二端网络的开路电压 U_{oc} 和短路电流 I_{sc}，则有

$$R_{eq} = \frac{U_{oc}}{I_{sc}}$$

例 3.6 求如图 3-16 所示的无源二端网络的等效电阻 R_{eq}。

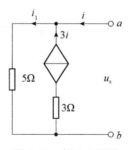

图 3-16 例 3.6 用图

解：在该网络的 a、b 端之间施加电压 u_s，设在 u_s 激励下得到了电路响应 i、i_1 等。根据 KCL，有

$$i_1 = i + 3i = 4i$$

端口电压为

$$u_s = 5i_1 = 5 \times 4i = 20i$$

该网络的等效电阻为

$$R_{eq} = \frac{u_s}{i} = \frac{20i}{i} = 20\Omega$$

3.3.2　戴维南定理

戴维南定理（Thevenin's Theorem）可以表述为：任何一个有源二端网络对外部电路而言可以等效为一个电压源和电阻串联的电路，该电压源的电压等于有源二端网络的开路电压，电阻等于将有源二端网络变成无源二端网络后的等效电阻。

我们先用一个具体电路来说明戴维南定理的内容，再加以证明。

例 3.7　求如图 3-17（a）所示的有源二端网络的戴维南等效电路。

解：根据戴维南定理，如图 3-17（a）所示的有源二端网络可以等效为如图 3-17（d）所示的一个电压源和电阻串联的电路。问题的关键是要利用图 3-17（b）求出 u_{oc}，以及利用图 3-17（c）求出 R_{eq}。要注意的是，所谓开路电压，是指端子电流为零时的端电压，图 3-17（b）中标出了 $i=0$ 这个条件。

故由图 3-17（b）可得 $u_{oc} = 5 \times 8 + 10 = 50V$。

将图 3-17（a）中独立电源的值全部设为零，即电压源短路、电流源开路，得到图 3-17（c）。由图 3-17（c）可得 $R_{eq}=5\Omega$，从而得到戴维南等效电路，如图 3-17（d）所示。

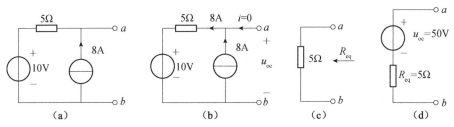

图 3-17　例 3.7 用图

下面对戴维南定理进行证明。

设一个有源二端网络 N 接一个外部电路作为负载，如图 3-18（a）所示，负载可以是线性的也可以是非线性的。有源二端网络 N 的端电压为 u_{ab}，电流为 i。首先，按置换定理将负载用一个 $i_s=i$ 的电流源替代，如图 3-18（b）所示。这样替代后，网络的工作状态不变。

其次，应用叠加定理，端电压 u_{ab} 可以看成由两个分量叠加的结果，即

$$u_{ab} = u'_{ab} + u''_{ab} \tag{3-2}$$

式中，u'_{ab} 是在有源二端网络 N 内部所有独立源共同作用，而电流源 i_s 不起作用（开路）的情况下产生的响应分量，该响应分量显然是有源二端网络 N 的开路电压 u_{oc}，即

$$u'_{ab} = u_{oc} \tag{3-3}$$

u''_{ab} 是在有源二端网络 N 的所有独立源都不起作用，也就是把有源二端网络 N 变成相应的无源二端网络 No 后，由 i_s 单独作用产生的响应分量。若无源二端网络 No 的等效电阻为 R_{eq}，则在如图 3-18（d）所示的参考方向下，有

$$u''_{ab} = -iR_{eq} \tag{3-4}$$

根据式（3-2）、式（3-3）、式（3-4），得

$$u_{ab} = u_{oc} - iR_{eq} \qquad\qquad (3\text{-}5)$$

式（3-5）就是有源二端网络 N 在如图 3-18（a）所示参考方向下 a、b 端的伏安特性。按式（3-5）可以画出的等效电路如图 3-18（e）所示。对于 a、b 端而言，图 3-18（a）中的有源二端网络 N 与图 3-18（e）中的含源支路是等效的。这就是戴维南定理所表述的内容。

需要明确说明的是，在证明戴维南定理的过程中应用了叠加定理，因此要求有源二端网络 N 是线性的。负载部分用的是置换定理，对负载的性质并无特殊要求，既可以是线性的，也可以是非线性的；既可以是无源的，也可以是有源的；既可以是一个元件，也可以是一个网络。

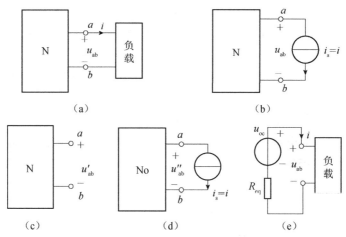

图 3-18　戴维南定理的证明

3.3.3　诺顿定理

诺顿定理（Norton's Theorem）指出，任何一个有源二端网络 N 若带负载 M，则对负载而言有源二端网络可以用一个电流源和电阻并联的电路模型来等效代替，该电流源的电流等于有源二端网络的短路电流 i_{sc}，电阻等于将有源二端网络变成无源二端网络后的等效电阻 R_0（或 R_{eq}）。该电路模型称为诺顿等效电路。

诺顿定理示意图如图 3-19 所示。电流源与电阻并联的模型称为有源二端网络 N 的诺顿等效电路。i_{sc} 与 R_0 的求法与戴维南定理中讲述的方法相同。

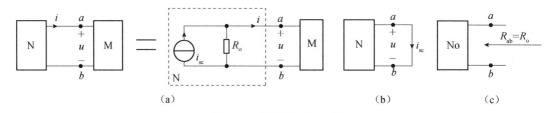

图 3-19　诺顿定理示意图

戴维南等效电路是一个电压源模型，诺顿等效电路是一个电流源模型，根据电源两种形式的等效变换方法，诺顿等效电路与戴维南等效电路可以相互转换。

如果只求某一条支路上的电压、电流或功率，应用戴维南定理或诺顿定理求解比较方便，一般可以避免解多元方程的麻烦。特别是在待求支路中的一些元件参数发生改变时，由于待求支路之外的戴维南等效电路或诺顿等效电路不变，故使用戴维南定理或诺顿定理就更显方便。

下面举例说明戴维南定理和诺顿定理的应用方法。

例 3.8 用戴维南定理求如图 3-20（a）所示的电路中负载电阻上的电流 I。

解：（1）将待求支路断开，在图 3-20（b）中求开路电压 U_{oc}。因为此时 $I=0$，在节点 a 处有

$$I_1 = 3 - 2 = 1A$$

在节点 c 处有

$$I_2 = 3A$$

所以有

$$U_{oc} = 1 \times 4 + 3 \times 2 + 6 = 16V$$

（2）令独立源的值为零，画出相应的无源二端网络，如图 3-20（c）所示。显然，其等效电阻为

$$R_{eq} = 6\Omega$$

（3）画出戴维南等效电路并与待求支路相连，如图 3-20（d）所示，可得

$$I = \frac{U_{oc}}{R_{eq} + R_L} = \frac{16}{6+2} = 2A$$

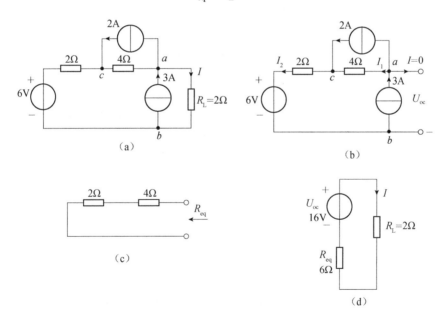

图 3-20 例 3.8 用图

例 3.9 电路如图 3-21（a）所示，负载电阻的阻值 R_L 可以改变，求 $R_L=1\Omega$ 时负载电阻上的电流 i；若 R_L 变为 6Ω，再求电流 i。

解：（1）求开路电压 u_e。自 a、b 处断开待求支路（待求量所在的支路），设参考方向如图 3-21（b）所示。由分压关系求得

$$u_{oc} = \frac{6}{6+3} \times 24 - \frac{4}{4+4} \times 24 = 4V$$

（2）求等效内阻 R_o。将图 3-21（b）中的电压源短路，如图 3-21（c）所示。应用电阻串、并联等效，求得

$$R_o = \frac{6 \times 3}{6+3} \times \frac{4 \times 4}{4+4} = 4\Omega$$

（3）由求得的 u_{oc}、R_o 画出等效电压源（戴维南电源），接上待求支路，如图 3-21（d）所示。注意在画等效电压源时不要将 u_{oc} 的极性画错。若 a 端为所设开路电压 u_{oc} 参考方向的正极性端，则在画等效电压源时使正极向着 a 端。由图 3-21（d）求得

$$i = \frac{4+1}{4+1} = 1A$$

由于负载电阻在有源二端网络之外，故当 R_L 变为 6Ω 时，u_{oc}、R_o 均不变化，所以只要将图 3-21（d）中 R_L 由 1Ω 变为 6Ω，就可以非常方便地求得此时电流，即

$$i = \frac{4+1}{4+6} = 0.5A$$

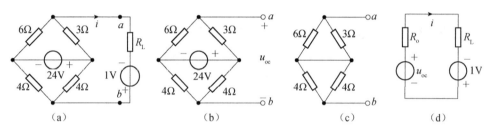

图 3-21　例 3.9 用图

例 3.10　画出如图 3-22 所示的电路的诺顿等效电路。

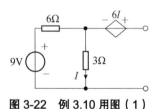

图 3-22　例 3.10 用图（1）

解：（1）求短路电流 I_{sc}。画出对应电路，如图 3-23（a）所示。由网孔电流法列写方程：

$$\begin{cases} (6+3)I_1 - 3I_{sc} = 9 \\ -3I_1 + 3I_{sc} = 6I \end{cases}$$

再补充一个方程，将 I 用网孔电流来表示

$$I = I_1 - I_{sc}$$

联立解以上方程组得

$$I_{sc} = 1.5A$$

（2）求等效电阻 R_o。此电路中含有受控源，可采用外施激励法求 R_o。令含源二端网络内所有独立源的值为零，即独立电压源短路，画对应电路，如图 3-23（b）所示，则有

$$U_o = 6I + 6(I_o - I) = 6I_o$$

故

$$R_o = \frac{U_o}{I_o} = 6\Omega$$

（3）画出诺顿等效电路，如图 3-23（c）所示。

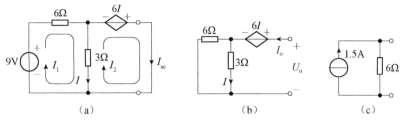

图 3-23　例 3.10 用图（2）

例 3.11　对如图 3-24（a）所示的电路，求电压 u。

解：本例用诺顿定理求解比较方便。因为从 a、b 处断开待求支路后，短路电流比开路电压更容易求解。

（1）求短路电流 i_{sc}。自 a、b 处断开待求支路，再将 a、b 短路，设 i_{sc} 的参考方向如图 3-24（b）所示。由电阻串、并联等效，分流关系及 KCL 可求得

$$i_{sc} = \frac{24}{\frac{6 \times 6}{6+6}+3} \times \frac{6}{6+6} + \frac{24}{\frac{3 \times 6}{3+6}+6} \times \frac{3}{3+6} = 3\text{A}$$

（2）求等效内阻 R_o。将图 3-25（b）中的独立电压源短路，如图 3-24（c）所示，则 a、b 之间的等效电阻为

$$R_o = \frac{\left(\frac{6 \times 3}{6+3}+6\right) \times \left(\frac{3 \times 6}{3+6}+6\right)}{\left(\frac{6 \times 3}{6+3}+6\right) + \left(\frac{3 \times 6}{3+6}+6\right)} = 4\Omega$$

（3）画出诺顿等效电源，接上待求支路，如图 3-24（d）所示。注意在画诺顿等效电源时，勿将 i_{sc} 的方向画错。因为图 3-24（b）中 i_{sc} 的参考方向设为由 a 流向 b，所以在图 3-24（d）中 i_{sc} 的方向应保证在假设负载短路情况下，电流由 a 流向 b。根据图 3-24（d），应用 KCL 及欧姆定律求得

$$u = (3+1) \times 4 = 16\text{V}$$

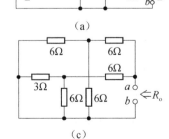

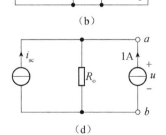

图 3-24　例 3.11 用图

【思考与练习 3.3】

3-6 应用戴维南定理求如图 3-25 所示电路中的电流 I。

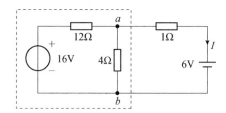

图 3-25 练习题 3-6 用图

3-7 应用戴维南定理化简如图 3-26 所示的二端网络。

3-8 电路如图 3-27 所示，试应用诺顿定理求电压 u。

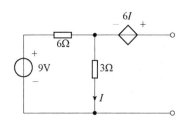

图 3-26 练习题 3-7 用图

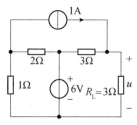

图 3-27 练习题 3-8 用图

3.4 最大功率传输定理

设有一个有源二端网络，其向负载输送功率，其戴维南等效电路如图 3-28 所示。

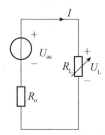

图 3-28 有源二端网络的戴维南等效电路

负载从有源二端网络所获得的功率为

$$P_L = I^2 R_L = \left(\frac{U_{oc}}{R_o + R_L} \right)^2 R_L \tag{3-6}$$

式（3-6）说明负载从给定电源中获得的功率决定于负载本身。R_L 变化，P_L 也随之改变，而且可以看出，当 $R_L = 0$ 时，$U_L = 0$，$P_L = 0$；当 $R_L = \infty$ 时，$I = 0$，$P_L = 0$。说明 R_L 在从 0 变化到 ∞ 的过程中，会出现获得最大功率的工作状态。这个功率最大值 P_{max} 应发生在 $\dfrac{dP_L}{dR_L} = 0$ 的时候，即

$$U_{oc}^{\ 2}\frac{(R_o+R_L)^2-2R_L(R_o+R_L)}{(R_o+R_L)^4}=0$$

$$(R_o+R_L)-2R_L=0$$

即

$$R_o=R_L \tag{3-7}$$

经判别知道这一极值点为极大值。所以有源二端网络传输给负载最大功率的条件是，负载电阻 R_L 等于有源二端网络的等效内阻 R_o，即式（3-7）。电路的这种工作状态叫作负载与网络匹配。

匹配时负载获得的最大功率为

$$P_{max}=\frac{U_{oc}^{\ 2}R_o}{(2R_o)^2}=\frac{U_{oc}^{\ 2}}{4R_o} \tag{3-8}$$

匹配时电路传输功率的效率为

$$\eta=\frac{I^2R_L}{I^2(R_o+R_L)}=\frac{R_L}{2R_L}=50\%$$

由此可见，在负载获得最大功率时，传输效率很低，有一半的功率在电源内部消耗了。这种情况在电力系统中是不允许的。电力系统要求高效率地传输功率，因此应使 R_L 远大于 R_o。

在无线电技术和通信系统中，传输的功率较小，效率属于次要问题，通常要求负载工作在匹配条件下，以便获得最大功率。

将有源二端网络等效为诺顿电源，同样可以证明当 $R_L=R_o$ 时，有源二端网络传输给负载的功率最大，此时最大功率为

$$P_{max}=\frac{1}{4}R_o i_{sc}^{\ 2} \tag{3-9}$$

例 3.12　某电源的开路电压为 15V，当接上 48Ω 的电阻时，电流为 0.3A，该电源接上多大负载时处于匹配工作状态？此时负载的功率和传输效率为多少？若负载电阻为 8Ω，功率和传输效率为多大？

解：根据已知条件，结合如图 3-28 所示的电路，可得

$$U_{oc}=15\text{V}$$

$$R_o+48=\frac{15}{0.3}$$

解得

$$R_o=2\Omega$$

所以电路的匹配条件为

$$R_L=2\Omega$$

此时负载的功率和传输效率分别为

$$P_{max}=\frac{U_{oc}^{\ 2}}{4R_o}=\frac{15^2}{4\times2}=28.125\text{W}$$

$$\eta=50\%$$

当 $R_L=8\Omega$ 时，负载获得的功率和传输效率分别为

$$P = I^2 R_{\mathrm{L}} = \left(\frac{15}{2+8}\right)^2 \times 8 = 18\mathrm{W}$$

$$\eta = \frac{18}{15 \times \dfrac{15}{2+8}} \times 100\% = 80\%$$

【思考与练习 3.4】

3-9 电路如图 3-29 所示，设负载电阻 R_{L} 可变，问 R_{L} 多大时负载可获得最大功率？此时最大功率 $P_{\max}$ 为多少？

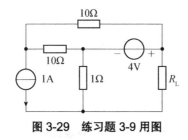

图 3-29 练习题 3-9 用图

3-10 电路如图 3-30 所示，问 R 为何值时该电阻能获得最大功率？此时最大功率为多少？

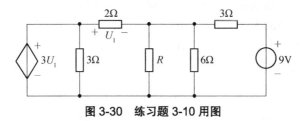

图 3-30 练习题 3-10 用图

3.5 本章小结

（1）叠加定理是线性电路叠加特性的概括表征，它的重要性不仅在于可用叠加法分析电路本身，还在于为线性电路的定性分析和一些具体计算方法提供了理论依据。叠加定理作为分析方法用于求解电路的基本思想是"化整为零"，即将多个独立源作用的较复杂的电路分解为一个一个（或一组一组）独立源作用的较简单的电路，在各分解图中分别计算，最后由代数和相加求出结果。若电路中含有受控源，则在画分解图时不要使受控源单独作用。齐次定理是表征线性电路齐次性（均匀性）的一个重要定理，它常用于辅助叠加定理、戴维南定理、诺顿定理来分析求解电路问题。

（2）依据等效概念，运用各种等效变换方法将电路由繁化简，最后能方便地求得结果的分析电路的方法统称为等效法。例如，第 1 章中所讲的电阻串、并联等效，独立源串、并联等效，电源互换等效，Y-△互换等效；本章中所讲的置换定理、戴维南定理、诺顿定理都是应用等效法分析电路的方法。这些方法或定理都是在遵从两类约束（KCL、KVL 约束与元件 VAR 约束）的前提下针对某类电路归纳总结出的，读者务必理解其内容，注意使用的范围、条件，熟练掌握使用方法和步骤。

（3）置换定理（又称替代定理）是集总参数电路中的一个重要定理，它本身就是一种常用的电路等效方法，常用于辅助其他分析电路法（包括方程法、等效法）来分析求与解电路问题。对有些电路，在关键之处或最需要的时候，经置换定理化简等效一步，会使读者有"豁然开朗"或"柳暗花明又一村"之感。在测试电路或实验设备中也经常应用置换定理。

（4）戴维南定理与诺顿定理是在用等效法分析电路时常用的两个定理。解题过程可分为3 个步骤：①求开路电压或短路电流；②求等效内阻；③画出等效电源，接上待求支路，由最简等效电路求得待求量。

（5）最大功率传输定理，是指在电源电压和内阻不变而负载电阻可变的情况下，当电源内阻和负载电阻相等时，负载可以获得最大功率。最大功率这类问题的求解使用戴维南定理（或诺顿定理）并结合使用最大功率传输定理最为简便。

功率匹配条件：

$$R_{\mathrm{L}} = R_{\mathrm{o}}$$

最大功率公式：

$$P_{\mathrm{Lmax}} = \frac{u_{\infty}^2}{4R_{\mathrm{o}}}$$

$$\left(P_{\mathrm{Lmax}} = \frac{1}{4}R_{\mathrm{o}}i_{\mathrm{sc}}^2 \right)$$

（6）方程法、等效法是相辅相成的两类电路分析方法。

习题 3

习题 3-1　电路如题图 3-1 所示，应用叠加定理求电流 I。

习题 3-2　电路如题图 3-2 所示，应用叠加定理求电压 U。

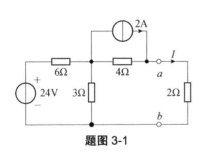
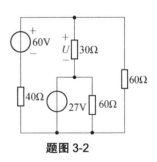

题图 3-1　　　　　　　　　　题图 3-2

习题 3-3　电路如题图 3-3 所示，应用叠加定理求电压 U。

习题 3-4　电路如题图 3-4 所示，应用叠加定理求电流 I_{x}。

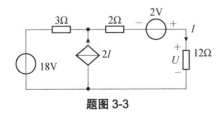
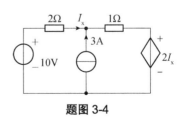

题图 3-3　　　　　　　　　　题图 3-4

习题 3-5　电路如题图 3-5 所示，应用叠加定理求电流 I_{x}。

习题 3-6　电路如题图 3-6 所示，应用叠加定理求电流 I_{x}。

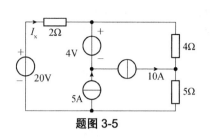

题图 3-5

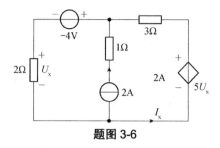

题图 3-6

习题 3-7 在如题图 3-7 所示的线性网络 N 中，只含电阻。若 $I_{s1}=8A$，$I_{s2}=12A$，则 U_x 为 80V；若 $I_{s1}=-8A$，$I_{s2}=4A$，则 U_x 为 0V。问：当 $I_{s1}=I_{s2}=20A$ 时，U_x 为多少？

习题 3-8 试用戴维南定理求如题图 3-8 所示的电路中的电流 I。

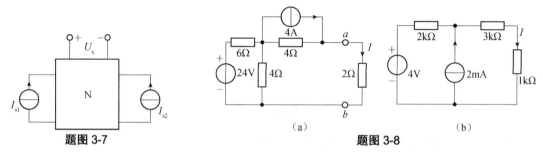

题图 3-7

（a） （b） 题图 3-8

习题 3-9 试用戴维南定理求如题图 3-9 所示电路中流过 20kΩ 电阻的电流及 a 点电压 U_a。

习题 3-10 电路如题图 3-10（a）所示，输入电压为 20V，$U_2=12.5V$。若将网络 N 短路，如图 3-10（b）所示，则短路电流 I 为 10mA。试求网络 N 在 ab 端的戴维南等效电路。

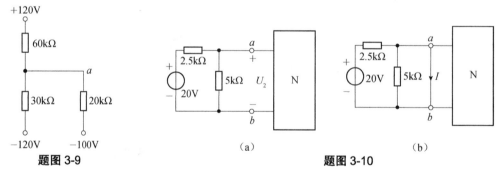

题图 3-9

（a） （b） 题图 3-10

习题 3-11 试用诺顿定理求如题图 3-11 所示电路中的电流 I。

习题 3-12 求如题图 3-12 所示电路的戴维南等效电路（求 R_0 指定用外施激励法）。

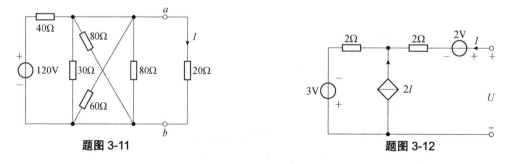

题图 3-11

题图 3-12

习题 3-13　电路如题图 3-13 所示，求：（1）R 获得最大功率时的电阻值；（2）在原电路中，当 R 获得最大功率时各电阻吸收的功率，以及功率传递效率 η （$\eta = \dfrac{P_R}{P_{电源}}$）；（3）在戴维南等效电路中，当 R 获得最大功率时，等效电阻 R_0 消耗的功率。

习题 3-14　电路如题图 3-14 所示，试求 8Ω 电阻中的电流 I。

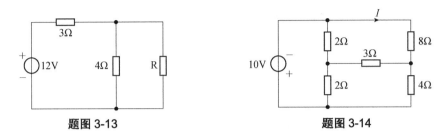

题图 3-13　　　　　　　　　　　题图 3-14

习题 3-15　试用戴维南定理求如题图 3-15 所示各电路中的电流 i。

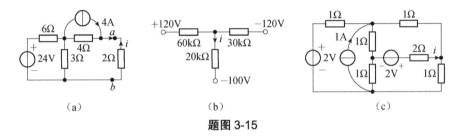

（a）　　　　　　　　　（b）　　　　　　　　　（c）

题图 3-15

习题 3-16　电路如题图 3-16 所示，问：当 R_x 为何值时，该电阻可获得最大功率？此最大功率为何值？

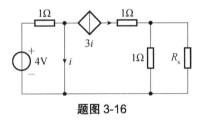

题图 3-16

习题 3-17　用诺顿定理求如题图 3-17 所示各电路中的电流 i。

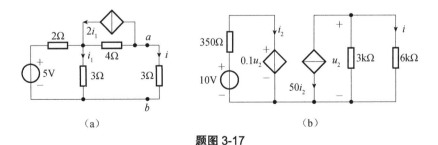

（a）　　　　　　　　　　　　　　　（b）

题图 3-17

习题 **3-18**　如题图 3-18（a）所示，测得 U_2=12.5V，若将 a、b 两点短路，如题图 3-18（b）所示，则短路线电流为 I=10mA，试画出网络 N 的戴维南等效电路。

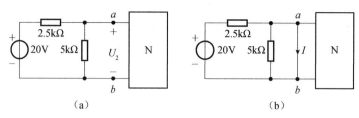

（a）　　　　　　　　　（b）

题图 3-18

第4章 正弦交流电路

4.1 正弦交流电路的基本概念

大小和方向都随时间变化的电流、电压或电动势称为交流电。大小和方向都随时间按正弦函数规律周期性变化的电流、电压或电动势称为正弦交流电。

正弦交流电的电压 u、电动势 e 和电流 i，常用时间 t 的正弦函数式表示为

$$u = U_m \sin(\omega t + \varphi_u)$$
$$e = E_m \sin(\omega t + \varphi_e) \qquad (4-1)$$
$$i = I_m \sin(\omega t + \varphi_i)$$

正弦交流电的波形如图4-1（a）所示，其中 T 为正弦交流电的变化周期，在图4-1（b）、（c）中，电压 u 与电流 i 的参考方向用实线表示，实际方向用虚线表示。在正弦交流电的正半周，电压 u 与电流 i 的瞬时值大于零，其实际方向与参考方向相同，如图4-1（b）所示；在正弦交流电的负半周，电压 u 与电流 i 的瞬时值小于零，其实际方向与参考方向相反，如图4-1（c）所示。

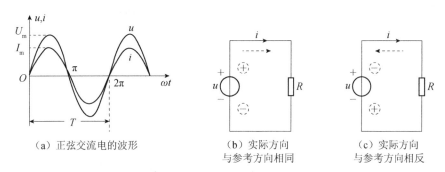

| （a）正弦交流电的波形 | （b）实际方向
与参考方向相同 | （c）实际方向
与参考方向相反 |

图4-1 正弦交流电路的基本概念

4.1.1 正弦交流电的三要素

由数学知识可知，一个正弦量与时间的函数关系可以用它的频率、初相位和幅值三个量来表示，这三个量称为正弦量的三要素。同样，正弦交流电也可以由这三要素来唯一确定。

正弦电压、正弦电动势和正弦电流都称为正弦电量。式（4-1）中的 u、e 和 i 称为正弦电量的瞬时值；U_m、E_m、I_m 称为正弦电量的幅值；ω 称为正弦电量的角频率；φ_u、φ_e、φ_i 称为

正弦电量的初相位。下面分别对其进行介绍。

1. 周期、频率和角频率

正弦交流电完成一次周期性变化所需的时间称为周期，用 T 表示，它是波形重复出现的最短时间，其单位常用秒（s）表示。单位时间（每秒）内正弦交流电完成周期性变化的次数称为频率，用 f 表示，单位为赫［兹］（Hz）。频率与周期的关系为 $f = \dfrac{1}{T}$。

我国及其他多数国家发电厂发出的交流电频率为 50Hz，通常称为工频，也有些国家采用 60Hz 的交流电。其他技术领域应用不同频率的交流电，如航空工业领域应用的交流电频率为 400Hz，电子技术领域应用的音频电流频率为 20～20 000Hz。

正弦交流电变化一个周期，相当于正弦函数变化了 2π弧度，称为电角度。单位时间内交流电变化的电角度称为电角速度，亦称为角频率，用 ω 表示：

$$\omega = \frac{2\pi}{T} = 2\pi f \tag{4-2}$$

由此可见，用角频率也可表示交流电变化的快慢，角频率的单位为弧度/秒（rad/s）。

2. 瞬时值、最大值和有效值

（1）瞬时值。交流电在任一时刻的实际值叫作瞬时值，瞬时值表明随着时间的变化某一时刻正弦量的大小。规定交流电的瞬时值一律用英文小写字母表示，如 i、u、e 分别表示交流电流、电压和电动势的瞬时值。

（2）最大值。交流电在变化过程中所出现的最大瞬时值叫作最大值，也称为幅值，对于正弦交流电而言，最大值是一个常量，用英文大写字母加下标 m 表示，如 I_m、U_m、E_m 分别表示交流电流、电压和电动势的最大值。

（3）有效值。瞬时值和最大值都是表征正弦交流电某一瞬间的参数，不能衡量正弦交流电在一个周期内的做功效果，因此引入有效值概念。有效值的度量是根据电流热效应规定的，其物理含义是，如果交流电流通过电阻（阻值为 R）在一个周期 T 内产生的热量与某一数值的直流电流通过同一电阻在相同的周期 T 内产生的热量相等，则这个直流电流的数值就是该交流电流的有效值。根据有效值定义有

$$\int_0^T i^2 R \mathrm{d}t = I^2 RT$$

由此可得

$$I = \sqrt{\frac{1}{T}\int_0^T i^2 \mathrm{d}t} \tag{4-3}$$

式（4-3）不仅适用于计算正弦交流电流的有效值，还适用于计算非正弦周期量的有效值，如矩形波、三角波等。有效值用英文大写字母（不加下标）表示，如 I、U、E 分别表示交流电流、电压和电动势的有效值。

对正弦交流电路而言，设交流电流为 $i = I_m \sin(\omega t)$，将其代入式（4-3），化简整理得

$$I = \frac{I_m}{\sqrt{2}} \tag{4-4}$$

这个结论同样适用于交流电压和电动势，即

$$U = \frac{U_{\mathrm{m}}}{\sqrt{2}}, \quad E = \frac{E_{\mathrm{m}}}{\sqrt{2}} \tag{4-5}$$

通常所说的交流电压和电流都是指有效值。在电工测量中，交流电表测得的数值是有效值，交流电气设备铭牌上标注的额定值也是有效值。

3. 相位、初相位和相位差

（1）相位和初相位。对正弦交流电，如 $i = I_{\mathrm{m}} \sin(\omega t + \varphi_{\mathrm{i}})$，不同时刻 t 对应不同的瞬时值，由于最大值保持不变，所以正弦交流电中的 $(\omega t + \varphi_{\mathrm{i}})$ 反映了正弦量在交变过程中瞬时值的变化进程。$(\omega t + \varphi_{\mathrm{i}})$ 称为正弦交流电的相位（或相位角）。当 $t = 0$ 时，正弦交流电流的相位 φ_{i} 称为初相位。在波形图中，φ_{i} 是坐标原点与零值点之间的电角度，其值可正可负，为了便于分析与计算，一般规定初相位绝对值 $|\varphi_{\mathrm{i}}| \leqslant \pi$。

（2）相位差。两个同频率正弦量的相位角之差称为相位差，用英文字母 φ 加下标表示。假设两个同频率的正弦交流电量分别为

$$u = U_{\mathrm{m}} \sin(\omega t + \varphi_{\mathrm{u}}), \quad i = I_{\mathrm{m}} \sin(\omega t + \varphi_{\mathrm{i}})$$

则它们之间的相位差为

$$\varphi_{\mathrm{ui}} = (\omega t + \varphi_{\mathrm{u}}) - (\omega t + \varphi_{\mathrm{i}}) = \varphi_{\mathrm{u}} - \varphi_{\mathrm{i}}$$

由此可见，两个同频率正弦量的相位差就等于它们的初相位之差。

若 $\varphi_{\mathrm{ui}} > 0$，则称电压"超前"电流，或者称电流"滞后"电压；若 $\varphi_{\mathrm{ui}} = 0$，则称电压、电流"同相"，即在波形图上两者同步变化；若 $\varphi_{\mathrm{ui}} = \pi$，则称电压、电流"反相"，即在波形图中两者反向变化，当一个达到正最大值时，另一个达到负最大值；若 $\varphi_{\mathrm{ui}} = \dfrac{\pi}{2}$，则称电压、电流"正交"。

同样规定，相位差 $|\varphi| \leqslant \pi$。如果 $|\varphi| > \pi$，则用 2π 进行修正。

注意：只有两个正弦量同频率才能比较它们的相位关系，其相位差为一个确定值。对于不同频率的正弦量讨论它们的相位差是毫无意义的。

4.1.2　正弦量的相量表示法与相量图

前面所介绍的正弦交流电都是用函数式和波形图来表示的，虽然它们都直观地表明了正弦交流电的特征，但是却不能准确地进行度量，进行加、减、乘、除运算很不方便。因此，为了简化交流电路的分析和计算，引入了相量的概念。所谓相量，是指与正弦量对应的复数量。复数运算在高等数学中有详细阐述，为便于对交流电路进行分析和计算，下面对复数运算进行简单介绍。

复数的表现形式主要有代数形式、三角函数形式、指数形式和极坐标形式 4 种。

在如图 4-2 所示的复数直角坐标系中，横轴表示复数的实部，称为实轴，以"$+1$"为单位；纵轴表示虚部，称为虚轴，以"$+\mathrm{j}$"为单位。

复平面中的有向线段 A，在实轴上的投影为 a（实部），在虚轴上的投影为 b（虚部）。所以有向线段 A 可用复数的代数形式表示为

$$A = a + \mathrm{j}b$$

复数的三角函数形式：$A = r\cos\varphi + \mathrm{j}r\sin\varphi$。

复数的指数形式：$A = r\mathrm{e}^{\mathrm{j}\varphi}$（可由欧拉公式推导得出）。

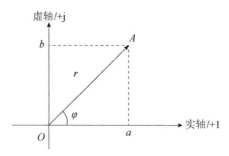

图 4-2 有向线段的复数

复数的极坐标形式：$A = r\angle\varphi$（一种更简约的复数表示形式）。

复数的模：$r = \sqrt{a^2+b^2}$。

复数的辐角：$\varphi = \arctan\dfrac{b}{a}$（与正实轴间的夹角），或者 $a = r\cos\varphi$、$b = r\sin\varphi$。

综上所述，复数的代数形式、三角函数形式、指数形式、极坐标形式之间可以相互转换。其中，代数形式适用于复数的加、减运算；极坐标形式和指数形式适用于复数的乘、除运算；三角函数形式适用于代数形式与极坐标（或指数）形式之间的相互转换。

由上述内容可知，一个复数由模和辐角（或实部和虚部）两个要素确定。在分析正弦交流电路时，所有正弦交流电量均为同一频率，故不必计算频率这个要素。若求出正弦量的大小（幅值或有效值）及初相位，正弦量就可唯一确定。因此，当用复数表示正弦量时，只需要知道有效值（或最大值）与初相位两个要素。若用复数的模表示正弦量的最大值（或有效值），用复数的辐角表示正弦量的初相位，则任一正弦量都有与之对应的复数量，即正弦量对应的相量。

为了与一般的复数相区别，正弦交流电量的相量用相应物理量大写字母表示，并且在大写字母上加圆点。例如，正弦电压 $u = U_{\mathrm{m}}\sin(\omega t + \varphi)$ 的幅值相量用极坐标表示为 $\dot{U}_{\mathrm{m}} = U_{\mathrm{m}}\angle\varphi$，有效值相量用极坐标表示为 $\dot{U} = U\angle\varphi$（注意：$U_{\mathrm{m}} = \sqrt{2}U$）。

在用相量表示正弦量时，需要明确以下几点。

① 相量只用于表示正弦量，并不等于正弦量。所以，用相量表示正弦量实质上是一种数学变换，目的是简化运算。

② 只有同频率的正弦量才能用相量或相量图（把几个同频率正弦量对应的相量画在同一坐标平面上构成的图形）分析。

③ 相量中的 j 就是复数中的虚数单位，即 j=$\angle$90°。任意一个相量乘以"+j"表示该相量逆时针旋转了 90°；乘以"−j"表示该相量顺时针旋转了 90°。所以 j 也称为旋转 90°的算子。

④ 正弦交流电量只有幅值相量和有效值相量，没有瞬时值相量。

例 4.1 已知 $i_1 = 8\sin 628t\,\mathrm{A}$，$i_2 = 6\sin(628t + 90°)\,\mathrm{A}$。（1）试写出电流幅值的相量式；（2）画出相量图；（3）求 $i = i_1 + i_2$。

解：（1）因为 $\dot{I}_{1\mathrm{m}} = 8\angle 0°\,\mathrm{A}$，$\dot{I}_{2\mathrm{m}} = 6\angle 90°\,\mathrm{A}$，所以得

$$\dot{I}_{\mathrm{m}} = \dot{I}_{1\mathrm{m}} + \dot{I}_{2\mathrm{m}} = (8 + \mathrm{j}6)\,\mathrm{A} = 10\angle 36.9°\,\mathrm{A}$$

（2）相量图如图 4-3 所示。

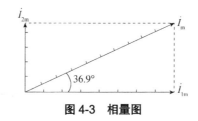

图 4-3 相量图

（3）总电流瞬时值 i 的表达式为

$$i = 10\sin(628t + 36.9°)\text{A}$$

【练习与思考 4.1】

4-1 已知 $i = 14.14\sin(628t + 25°)\text{A}$，求电流 i 的周期、有效值和初相位。

4-2 已知 $i_1 = 310\sin(314t + 25°)\text{A}$，$i_2 = 310\sin(314t + 55°)\text{A}$，试问哪个电流超前？哪个电流滞后？它们的相位差是多少？

4-3 已知 $i_1 = 310\sin(628t + 55°)\text{A}$，$i_2 = 310\sin(314t + 55°)\text{A}$，试问两个电流同相吗？为什么？

4-4 已知 $i_1 = 310\sin 628t\text{A}$，$i_2 = 310\sin(628t + 90°)\text{A}$，$i_3 = i_1 + i_2$，求 i_3 及其有效值，并画出所有电流的相量图。

4.2 单一元件的正弦交流电路

电阻、电感和电容都是电路元件，为了方便进行正弦交流电路的相量分析，本节对这 3 种单一元件的正弦交流电路进行定义和分析，讨论它们在电压、电流、功率等方面的特点。

4.2.1 电阻元件

1. 电压、电流关系

这里只讨论线性电阻元件，即 R 为一个常值。设通过电阻元件的电流为 $i = I_m \sin \omega t$，根据欧姆定律，电阻元件两端的电压为 $u = Ri = RI_m \sin \omega t = U_m \sin \omega t$，由此可得

$$U_m = RI_m$$

方程两边同除以 $\sqrt{2}$ 得

$$U = RI \qquad (4-6)$$

用相量表示为

$$\frac{\dot{U}_m}{\dot{I}_m} = \frac{\dot{U}}{\dot{I}} = \frac{U\angle 0°}{I\angle 0°} = R$$

相量图如图 4-4 所示。

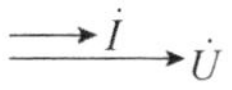

图 4-4 相量图

结论：①对电阻元件而言，电压与电流（瞬时值、幅值、有效值或相量）始终满足欧姆定

律；②电压、电流同相。

2. 功率关系

（1）瞬时功率 p。

瞬时功率等于单一元件瞬时电压、电流的乘积，用小写字母 p 表示，即

$$p = ui = U_m \sin\omega t \cdot I_m \sin\omega t = UI(1 - \cos 2\omega t) \tag{4-7}$$

由式（4-7）可以看出，对电阻元件而言，瞬时功率始终大于或等于 0，其物理含义为电阻元件始终吸收功率，把电能转换为热能消耗掉。

（2）平均功率（有功功率）P。

由于瞬时功率 p 是不断变化的，因此在工程中引入了平均功率（也称有功功率）的概念，它表征电路元件实际吸收的功率。平均功率是瞬时功率的平均值，用大写字母 P 表示，即

$$P = \frac{1}{T}\int_0^T p\,\mathrm{d}t = \frac{1}{T}\int_0^T UI(1 - \cos 2\omega t)\mathrm{d}t = UI = I^2 R = \frac{U^2}{R} \tag{4-8}$$

式（4-8）表明，对电阻元件来说，有功功率的计算公式与直流电路中功率的计算公式相同，但这里 U 与 I 指的是有效值。

例 4.2 已知某白炽灯（纯电阻元件）的额定值为 $U_N = 100\text{V}$，$P_N = 100\text{W}$，求其电阻 R 的值。

解：因为

$$P_N = \frac{U_N^2}{R}$$

所以

$$R = \frac{100^2}{100} = 100\Omega$$

4.2.2　电感元件

1. 电压、电流关系

当对电感元件加正弦交流电压时，电感元件中通过交变电流。对于线性电感元件，其磁链 Ψ、磁通 ϕ 及电感 L 具有如下关系：

$$\Psi = N\phi = Li_L$$

根据电磁感应定律，有

$$e_L = -\frac{\mathrm{d}\Psi}{\mathrm{d}t} = -N\frac{\mathrm{d}\phi}{\mathrm{d}t} = -L\frac{\mathrm{d}i_L}{\mathrm{d}t} \tag{4-9}$$

由 KVL 可得 $u_L + e_L = 0$，所以电感元件的电压、电流瞬时值关系为

$$u_L = L\frac{\mathrm{d}i_L}{\mathrm{d}t}$$

设电感元件上的电流为 $i = I_m \sin\omega t$，则电压为 $u_L = L\dfrac{\mathrm{d}i_L}{\mathrm{d}t} = \omega L I_m \sin(\omega t + 90°) = U_m \sin(\omega t + 90°)$，所以可以得出电压、电流的数量关系和相位关系。

（1）电压与电流的数量关系为

$$U_m = \omega L I_m \text{或} U = \omega L I$$

（2）电压超前电流相位 90°，如图 4-5 所示。

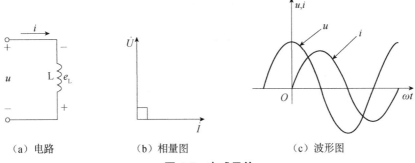

（a）电路　　　　　　（b）相量图　　　　　　（c）波形图

图 4-5　电感元件

为了表征电感元件电压、电流的数量关系，引入感抗的概念。

感抗是指电感元件的电压与电流幅值（或有效值）之比。感抗是反映电感元件对电流阻碍作用的物理量，用 X 表示，单位为 Ω，即

$$X_L = \frac{U_m}{I_m} = \frac{U}{I} = \omega L = 2\pi f L \tag{4-10}$$

由此可见，感抗与频率成正比，频率越大，感抗越大，电感元件对电流阻碍作用越强，反之电感元件对电流的阻碍作用越弱。如果 $f=0$，即在直流电路中感抗为 0，则电感元件在直流电路中相当于短路。

2. 功率关系

（1）瞬时功率 p。

电感元件的瞬时功率可表示为

$$p=ui=U_m \sin(\omega t + 90°) \cdot I_m \sin \omega t = UI \sin 2\omega t \tag{4-11}$$

由式（4-11）可以看出，对电感元件而言，瞬时功率的频率是电压、电流频率的 2 倍，即电压、电流变化一个周期，功率变化两个周期，如图 4-6 所示。

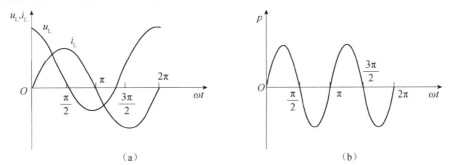

（a）　　　　　　　　　　　　　　（b）

图 4-6　电感元件的瞬时功率

在第一个 $\frac{1}{4}$ 周期和第三个 $\frac{1}{4}$ 周期内，瞬时功率 $p>0$，此时电感元件电流的绝对值增大，电感元件储存的磁能增加；在第二个 $\frac{1}{4}$ 周期和第四个 $\frac{1}{4}$ 周期内，瞬时功率 $p<0$，此时电感元件电流的绝对值减小，电感元件储存的磁能减少。

（2）平均功率（有功功率）P。

$$P = \frac{1}{T}\int_0^T p\,\mathrm{d}t = \frac{1}{T}\int_0^T UI\sin 2\omega\,\mathrm{d}t = 0 \tag{4-12}$$

式（4-12）表明对电感元件而言，有功功率为 0，说明电感元件是非耗能元件。

（3）无功功率 Q。

对电感元件而言，虽然有功功率为 0，但瞬时功率值有正有负。当瞬时功率值为正时，电感元件吸收功率，把电源提供的电能以磁场能的形式储存起来；当瞬时功率值为负时，电感元件产生功率，把前半周期储存的能量归还给电源。为了表征电感元件与电源之间进行能量互换的规模，引入无功功率的概念。

无功功率取瞬时功率的幅值（最大值）。从本质上看，无功功率是一个特别的瞬时功率，用大写字母 Q 表示，为了区别于有功功率，定义无功功率的单位为乏（var）。由电感元件瞬时功率表达式，即式（4-11）可得

$$Q = UI = X_L I^2 = \frac{U^2}{X_L} \tag{4-13}$$

例 4.3 有一个线圈，其电阻忽略不计，当把它接在 100Hz、220V 的正弦交流电源上时测得流过线圈的电流 $I=2.5$A，求线圈的电感 L。若把该线圈接在 1000Hz、220V 的正弦交流电源上，求线圈的电流 I。

解：（1）当接在 100Hz 的电源上时，有

$$I = \frac{U_L}{X_L} = \frac{U_L}{2\pi fL}$$

由此可得

$$L = \frac{U_L}{2\pi fI} = \frac{220}{2\pi\times 100\times 2.5} \approx 0.14\text{H}$$

（2）当接在 1000Hz 的电源上时，有

$$X_L = 2\pi fL = 2\pi\times 1000\times 0.14 \approx 880\Omega$$

$$I = \frac{U_L}{X_L} = \frac{220}{880} = 0.25\text{A}$$

计算表明，电源频率越高，感抗越大，电流就越小。

4.2.3　电容元件

电容元件是由中间具有绝缘层的双金属片构成的，电容元件电路如图 4-7 所示。

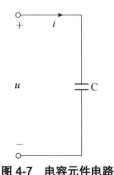

图 4-7　电容元件电路

1. 电压、电流关系

电容元件满足以下关系：

$$q_C = Cu_C \tag{4-14}$$

式中，q_C 表示电容元件所储存的电荷，单位为 C；u_C 表示电容元件的电压，单位为 V。由式（4-14）可以看出，电容元件储存的电荷与其两端所加电压成正比。由于流过电容的电流 i_C 决定于单位时间内通过电容元件的电荷量，即 $i_C = \dfrac{\mathrm{d}q_C}{\mathrm{d}t}$，因此将式（4-14）代入此微分式中，可得电容元件的电压与电流的关系为

$$i_C = C\frac{\mathrm{d}u_C}{\mathrm{d}t} \tag{4-15}$$

设电容元件的电压为 $u_C = U_m \sin \omega t$，则

$$i_C = C\frac{\mathrm{d}u_C}{\mathrm{d}t} = \omega C U_m \sin(\omega t + 90°) = I_m \sin(\omega t + 90°) \tag{4-16}$$

由此可知，电容元件的电压、电流的数量关系和相位关系如下。

（1）电压与电流的数量关系为

$$I_m = \omega C U_m \text{ 或 } I = \omega C U \tag{4-17}$$

（2）电流超前电压相位 90°。

为了表征电容元件的电压、电流的数量关系，引入容抗的概念。

容抗是指电容元件的电压与电流的幅值（或有效值）之比。容抗是反映电容元件对电流阻碍作用的物理量，用 X_C 表示，单位为 Ω，即

$$X_C = \frac{U_{Cm}}{I_{Cm}} = \frac{U_C}{I_C} = \frac{1}{\omega C} = \frac{1}{2\pi f C}$$

由此可见，容抗与频率成反比，频率越大，容抗越小，电容元件对电流的阻碍作用越弱，反之电容元件对电流的阻碍作用越强。如果 $f = 0$，即在直流电路中容抗为无穷大，则相当于电容元件开路。

2. 功率关系

（1）瞬时功率 p。

电容元件的瞬时功率表示为

$$p_C = u_C i_C = U_m \sin \omega t \cdot I_m \sin(\omega t + 90°) = UI \sin 2\omega t \tag{4-18}$$

由式（4-18）可以看出，对电容元件而言，瞬时功率的频率是电压、电流频率的 2 倍，即电压、电流变化一个周期，瞬时功率变化两个周期，如图 4-8 所示。

在第一个 $\dfrac{1}{4}$ 周期和第三个 $\dfrac{1}{4}$ 周期内，瞬时功率 $p>0$，此时电容电压绝对值增大，电源对电容元件进行充电；在第二个 $\dfrac{1}{4}$ 周期和第四个 $\dfrac{1}{4}$ 周期内，瞬时功率 $p<0$，此时电容电压绝对值减小，电容元件放电。

（2）平均功率（有功功率）P。

$$P = \frac{1}{T}\int_0^T p\,\mathrm{d}t = 0 \tag{4-19}$$

式（4-19）表明，对电容元件而言，有功功率为 0，说明电容元件也是非耗能元件。

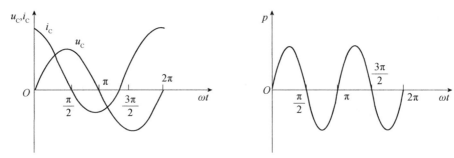

图 4-8　电容元件的瞬时功率

（3）无功功率 Q。

电容元件是一种储能元件。当瞬时功率值为正时，电容元件把电源供给的能量以电场能形式储存起来；当瞬时功率值为负时，电容元件释放能量，把前半周期储存的能量归还给电源。为了表征电容元件与电源之间互换能量的规模，引入无功功率 Q 的概念，其单位为乏（var）。

为了区别于电感元件的无功功率，设电流 $i = I_m \sin \omega t$ 为参考正弦量，则

$$u = u_m \sin(\omega t - 90°)$$

于是可得瞬时功率为

$$p = p_C = ui = -UI \sin 2\omega t$$

所以有

$$Q_C = -U_C I_C = -X_C I^2 = -\frac{U_C^2}{X_C} \qquad (4\text{-}20)$$

即电容性无功功率取负值，而电感性无功功率取正值，以便区别。

【练习与思考 4.2】

4-5　单项选择

（1）在电感元件的正弦交流电路中，伏安关系正确的表达式是（　　）。

①$i = L\dfrac{\mathrm{d}u}{\mathrm{d}t}$　　　　②$U = jX_L I$　　　　③$\dot{U} = jX_L \dot{I}$　　　　④$u = X_L i$

（2）若将正弦电压 $u = 20\sqrt{2}\sin(\omega t + 60°)$V 加在 $X_L = 20\Omega$ 的电感元件上，则通过该电感元件的电流表达式为（　　）。

①$i = \sqrt{2}\sin(\omega t + 150°)$A　　　　　　　　②$i = 2\sin(\omega t - 30°)$A

③$i = 2\sin(\omega t + 150°)$A　　　　　　　　　④$i = \sqrt{2}\sin(\omega t - 30°)$A

（3）在正弦交流电路中，电感元件的无功功率为（　　）。

①$Q = 0$　　　　②$Q = ui$　　　　③$Q = UI$　　　　④$Q = X_L u^2$

（4）在正弦交流电路中，电容元件的电压、电流关系可表示为（　　）。

①$u = C\dfrac{\mathrm{d}i}{\mathrm{d}t}$　　　　　　　　　　②$U = \dfrac{I}{\omega C}$

③$i = \dfrac{1}{C}\displaystyle\int_0^t u\,\mathrm{d}t + u_0$　　　　　　④$u = jX_C i$

（5）在正弦交流电路中，电容元件的无功功率可表示为（　　）。

①$Q = 0$　　　　②$Q = ui$　　　　③$Q = -UI$　　　　④$Q = X_L u^2$

（6）若电容元件两端的电压为 $u=\sqrt{2}U\sin\omega t\mathrm{V}$ ，则电容元件的最大储能 W_{Cmax} 可表示为（　　）。

① $\dfrac{U^2}{2X_{\mathrm{C}}}$　　　　　　② CU^2　　　　　　③ $\dfrac{1}{2}CU^2$　　　　　　④ $2X_{\mathrm{C}}U^2$

4-6　判断

（1）如果电感元件上的电压等于零，则通过它的电流也一定为零。（　　）

（2）如果通过电容元件的电流等于零，则该电容元件上的电压也一定为零。（　　）

（3）在正弦交流电路中，电感线圈上的电流 i_{L} 为零，其储存的能量一定为零。（　　）

（4）在正弦交流电路中，电容元件的电压 u_{C} 和电流 i 都是按正弦规律变化的正弦量，电流 i_{C} 的大小取决于电压 u_{C} 的变化率，所以当电流 i_{C} 为最大值时，电压 u_{C} 为零。（　　）

4.3　正弦交流电路的分析与计算

4.3.1　串、并联正弦交流电路的分析与计算

在学习了单一元件的正弦交流电路以后，下面应用相量分析法对由多个电路元件构成的串、并联正弦交流电路进行分析与计算。

为了便于进行分析与计算，首先引入复阻抗的概念。复阻抗是衡量电路元件或部分电路对电流阻碍作用的物理量，用大写字母 Z 表示，单位是 Ω，量纲与电阻相同。

$$Z=\frac{\dot{U}}{\dot{I}}=R+\mathrm{j}X=|Z|\angle\varphi$$

式中，$\dot{U}$ 表示电路的端电压相量；$\dot{I}$ 表示电路的端电流相量。当复阻抗用复数的代数形式表示时，R 表示实部，X 表示虚部，常称 X 为电抗。当复阻抗用极坐标形式表示时，其模 $|Z|=\dfrac{U}{I}=\sqrt{R^2-X^2}$，称为阻抗，反映了电压、电流的数量关系；$\varphi=\varphi_{\mathrm{u}}-\varphi_{\mathrm{i}}=\arctan\dfrac{X}{R}$，称为阻抗角，反映了电压、电流的相位关系。根据这一定义，可以得出单一元件的复阻抗表达式。

电阻元件：$Z_{\mathrm{R}}=R\angle 0^\circ=R$。

电感元件：$Z_{\mathrm{L}}=X_{\mathrm{L}}\angle 90^\circ=\mathrm{j}X_{\mathrm{L}}=\mathrm{j}\omega L=\mathrm{j}2\pi fL$。

电容元件：$Z_{\mathrm{C}}=X_{\mathrm{C}}\angle-90^\circ=-\mathrm{j}X_{\mathrm{C}}=\dfrac{1}{\mathrm{j}\omega C}=\dfrac{1}{\mathrm{j}2\pi fC}$。

1. 电路元件串联

与直流串联电路一样，在交流电路中，若两个电路元件串联，如图 4-9（a）所示，则其等效复阻抗为 $Z=Z_1+Z_2$。若 n 个电路元件串联，则其等效复阻抗为 $Z=\displaystyle\sum_{i=1}^{n}Z_i$。

2. 电路元件并联

与直流并联电路一样，在交流电路中，若两个电路元件并联，如图 4-9（b）所示，则其

等效复阻抗为 $\dfrac{1}{Z} = \dfrac{1}{Z_1} + \dfrac{1}{Z_2}$。若 n 个电路元件并联，则其等效复阻抗为 $\dfrac{1}{Z} = \displaystyle\sum_{i=1}^{n}\dfrac{1}{Z_i}$。

例 4.4 在如图 4-9（b）所示的电路中，已知交流电源电压为 $u = 20\sin(314t + 45°)\,\mathrm{V}$，支路 1 中流过的电流为 $i_1 = 2\sqrt{2}\sin 314t\,\mathrm{A}$，支路 2 中流过的电流为 $i_2 = 2\sqrt{2}\sin(314t + 90°)\,\mathrm{A}$，求 Z_1、Z_2 及总电流 I。

解： 因为 $\dot{U} = 10\sqrt{2}\angle 45°\,\mathrm{V}$，$\dot{I}_1 = 2\angle 0°\,\mathrm{A}$，$\dot{I}_2 = 2\angle 90°\,\mathrm{A}$，所以得

$$Z_1 = \frac{\dot{U}}{\dot{I}_1} = 5\sqrt{2}\angle 45° = (5 + \mathrm{j}5)\ \Omega$$

$$Z_2 = \frac{\dot{U}}{\dot{I}_2} = 5\sqrt{2}\angle -45° = (5 - \mathrm{j}5)\ \Omega$$

$$\dot{I} = \dot{I}_1 + \dot{I}_2 = 2 + 2\mathrm{j} = 2\sqrt{2}\angle 45°\,\mathrm{A},$$
$$I = 2\sqrt{2}\,\mathrm{A}$$

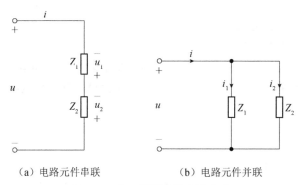

（a）电路元件串联　　　　（b）电路元件并联

图 4-9　串、并联正弦交流电路

3. 视在功率

在交流电路的功率分析中，常用的功率形式有瞬时功率、有功功率、无功功率和视在功率几种。前面介绍了瞬时功率、有功功率、无功功率，下面介绍视在功率。视在功率是衡量交流电源做功能力的物理量，其大小是电压和电流有效值的乘积，用 S 表示，即 $S = UI$。

视在功率表示在电压和电流的作用下，电源可能提供或负载可能获得的最大功率。为了区别于有功功率和无功功率，视在功率的单位为伏安（V·A）。P、Q、S 具有如下关系：

$$P = UI\cos\varphi = S\cos\varphi，\quad Q = UI\sin\varphi = S\sin\varphi，\quad S = \sqrt{P^2 + Q^2}$$

式中，φ 是电压与电流的相位差角。

例 4.5 有一个交流电源，其电压为 $u = 30\sqrt{2}\sin(314t + 15°)\,\mathrm{V}$，流过外部负载电路的电流为 $i = 2\sqrt{2}\sin(314t + 60°)\,\mathrm{A}$，求该电源的视在功率及供出的有功功率。

解： 因为 $U = 30\,\mathrm{V}$，$I = 2\,\mathrm{A}$，所以视在功率为
$$S = UI = 30 \times 2 = 60\,\mathrm{V·A}$$

有功功率为
$$P = UI\cos\varphi = 30 \times 2\cos(15° - 60°) \approx 42.43\,\mathrm{W}$$

4.3.2　RLC 串联电路的分析与计算

本节讨论线性电阻、电感、电容元件串联的交流电路的分析与计算。

1. 电压、电流关系

RLC 串联电路如图 4-10 所示。由于各元件上通过的电流都相同，所以在比较这些正弦量的相位关系时，一般选电流作为参考相量，即设 $i = I_\mathrm{m} \sin \omega t$，其初相位角为 0°。一个电路只能选一个正弦量作为参考相量。

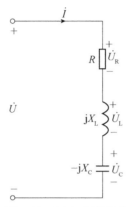

图 4-10　RLC 串联电路

参考相量的选择一般遵循以下规律：对串联电路，所有电路元件的电流相同，所以一般选电流作为参考相量；对于并联电路，所有支路的端电压相同，所以一般选端电压作为参考相量；对串、并联电路，如果题目没有给定参考相量，就根据串、并联电路主要部分来选择参考相量，若以串联为主则选电流作为参考相量，若以并联为主则选电压作为参考相量；根据已知条件来确定参考相量。

设电路中各元件的电压分别为 u_R、u_L、u_C，则对应的电压有效值分别为

$$U_\mathrm{R} = IR,\ \ U_\mathrm{L} = IX_\mathrm{L},\ \ U_\mathrm{C} = IX_\mathrm{C}$$

那么总电压大小是否为各分段电压之和呢？首先用相量图进行分析。

画出各元件电压相量，经 $\dot{U}_\mathrm{R}$、$\dot{U}_\mathrm{L}$、$\dot{U}_\mathrm{C}$ 三个相量合成后，得总电压相量 $\dot{U}$，如图 4-11 所示。由图 4-11 可知，电压、电流的相位差角为 φ。显然，总电压不等于各分段电压之和，即 $U \neq U_\mathrm{R} + U_\mathrm{L} + U_\mathrm{C}$。电压三角形如图 4-12 所示。

2. 功率关系

将图 4-12 各边分别乘以电流 I 可得功率三角形，如图 4-13 所示。图 4-13 中 P 表示电阻元件吸收的功率；Q 表示电感、电容元件与电源之间进行电能交换的功率，称为无功功率；S 表示电路的总功率、电气设备的总容量，称为视在功率，常用 kV·A 作为单位。通常情况下，电气设备的额定电压与额定电流的乘积为额定视在功率（或额定容量）。由图 4-13 可见，视在功率不等于无功功率和有功功率之和，即 $S \neq P + Q$，功率三角形为直角三角形，因此可以得出下列关系式：

$$P = S \cos\varphi,\ \ Q = S \sin\varphi,\ \ S = \sqrt{P^2 + Q^2} \tag{4-21}$$

将电压三角形各边都除以电流 I 可得阻抗三角形，如图 4-14 所示。图 4-14 中$|Z|$表示交流电路的总阻抗。由图 4-14 可见，总阻抗也不等于它们的代数和，即 $|Z| \neq R+X$ 。

显然，电压三角形、功率三角形、阻抗三角形为相似三角形。

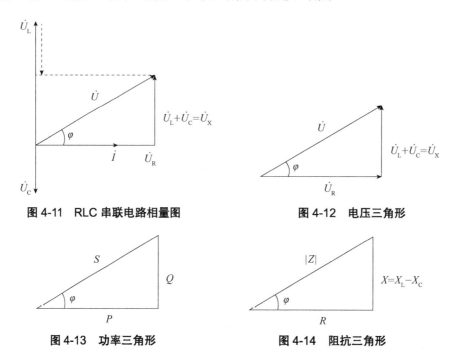

图 4-11　RLC 串联电路相量图　　　　　　图 4-12　电压三角形

图 4-13　功率三角形　　　　　　图 4-14　阻抗三角形

例 4.6　在如图 4-15（a）所示的交流电路中，若电压表 V_1、V_2 的读数均为 5V，则电压表 V 的正确读数是（　　　）。

A. 0V　　　　　　　　B. 10V　　　　　　　C. $5\sqrt{2}$ V　　　　　　D. $2\sqrt{5}$ V

解：画相量图，如图 4-15（b）所示。由于电阻元件和电容元件的电压相量相差 90°，与合成后的总电压相量三者构成一个直角三角形，根据勾股定理可得正确答案为 C。

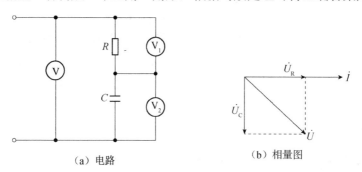

（a）电路　　　　　　　　　　　　（b）相量图

图 4-15　例 4.6 用图

4.3.3　串联谐振现象

在含有电感（实际电感元件有电阻特性）、电容元件的交流电路中，当端口电压 u 与端口电流 i 同相时，整个电路呈现电阻特性，电路的这种工作状态称为谐振。串联谐振电路如图 4-16 所示。

RLC 串联电路发生谐振的条件：电感元件的电压与电容元件的电压大小相等、相位相反，在相量图中相互抵消，即

$$U_L = U_C \Rightarrow X_L = X_C$$

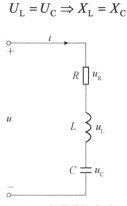

图 4-16　串联谐振电路

将 $X_L = 2\pi f L$ 和 $X_C = \dfrac{1}{2\pi f C}$ 代入 $X_L = X_C$，可得串联谐振电路的谐振频率为

$$f_0 = \frac{1}{2\pi\sqrt{LC}} \tag{4-22}$$

RLC 串联电路在发生谐振时具有如下几个特点。

① 电感、电容元件两端的电压大小相等、相位相反，即 $\dot{U}_L = -\dot{U}_C$

② 电感、电容元件的阻抗相等，即 $X_L = X_C$

③ 电路中的阻抗最小为 $|Z|_{\min} = R$，电流最大为 $I_{\max} = \dfrac{U}{|Z|_{\min}} = \dfrac{U}{R}$

在 RLC 串联电路中，当 $X_L = X_C \geqslant R$ 时，有 $U_L = U_C \geqslant U$，所以串联谐振也称为电压谐振。

在发生串联谐振时，由于电路中电流很大，电感、电容元件两端的电压会上升到很高。因此，在无线电工程中，常利用这一特点将微弱的电信号通过串联谐振放大，使得电感或电容元件获得高于信号电压许多倍的输出信号，即串联谐振电路具有选择性（选频性）。在电力系统中，由于电源电压本身较高，串联谐振可能会使电容和线圈的绝缘层击穿，因此应避免发生串联谐振现象。

4.3.4　RLC 并联电路及其谐振现象

1. 电压、电流关系

RLC 并联电路如图 4-17 所示。由于各元件两端的电压相等，所以设 $u = U_m \sin\omega t$ 为参考正弦量。

各元件中的电流相量分别为 $\dot{I}_R$、$\dot{I}_L$、$\dot{I}_C$，各电流的相量（设 $I_C > I_L$）关系如图 4-18 所示。

由相量图可知，RLC 并联电路有如下特点。

① 电路中的总电流不等于各支路电流之和，即 $I \neq I_R + I_L + I_C$。

② 当 $I_C > I_L$ 时，总电流相位超前总电压，电路呈容性。

④ 当 $I_C < I_L$ 时，总电流相位滞后总电压，电路呈感性。

⑤ 当 $I_C = I_L$ 时，总电流与总电压同相，电路呈电阻特性。

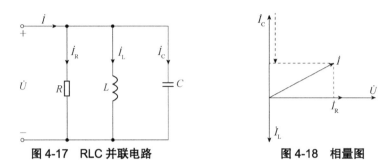

图 4-17　RLC 并联电路　　　　　　图 4-18　相量图

例 4.7　在如图 4-19（a）所示的交流电路中，若电流表 A_1、A_2 的读数均为 10A，则电流表 A 的正确读数是（　　）。

A. 10A　　　　　　B. 20A　　　　　　C. 0A　　　　　　D. $10\sqrt{2}$ A

解：画相量图，如图 4-19（b）所示。由于电阻、电感元件中的电流相量相互垂直，与总电流相量构成直角三角形，根据勾股定理可得正确答案为 D。

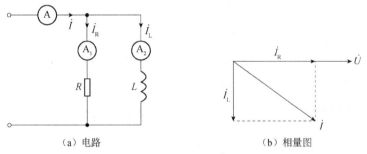

（a）电路　　　　　　　　　　（b）相量图

图 4-19　交流电路及其相量图

2. 并联谐振现象

在如图 4-17 所示的 RLC 并联电路中，当 $I_C = I_L$ 时，总电压与总电流同相，电路发生谐振，整个电路呈电阻特性，并联电路的这种工作状态称为并联谐振。

RLC 并联电路发生谐振的条件是

$$I_C = I_L \Rightarrow X_C = X_L \Rightarrow 2\pi f L = \frac{1}{2\pi f C}$$

由此可得

$$f_0 = \frac{1}{2\pi\sqrt{LC}} \qquad\qquad (4\text{-}23)$$

RLC 并联电路在发生谐振时有如下几个特点。

① 由相量图可知，电路中的总电流最小为 $I_{min} = I_R$。

② 电路的总阻抗最大为 $|Z|_{max} = R$。

③ 电感元件支路和电容元件支路的电流相等，若 $X_L = X_C \leqslant R$，则 $I_L = I_C \geqslant I$，所以并联谐振也称为电流谐振。

并联谐振也常常发生在线圈与电容元件并联的电路中，如图 4-20 所示。并联谐振电路具有选择性，在工程电子技术领域有着广泛的应用。选频电路如图 4-21 所示，各种频率的信号经过晶体三极管，只有当 LC 并联网络达到谐振状态时，与谐振频率相同的信号在变压器的次级边才会有最大的信号电压输出，从而选择出所需频率的信号。

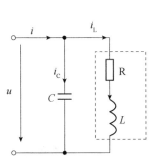
图 4-20　线圈与电容元件并联的电路

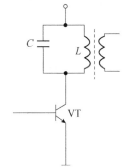
图 4-21　选频电路

【练习与思考 4.3】

4-7　单项选择

（1）已知某元件上 $u = 100\sin(\omega t + 80°)\text{V}$ ，$i = 5\sin(\omega t + 60°)\text{A}$ ，则该元件为（　　）。

①纯电容　　　　　　　②纯电感　　　　　　　③电阻电感　　　　　　　④电阻电容

（2）在 RL 串联正弦交流电路中，下列各式正确的是（　　）。

① $Z = R + \text{j}\dfrac{1}{\omega L}$ 　　　　　　　② $\dot{U} = \dot{U}_R - \dot{U}_L$

③ $Z = \sqrt{R^2 - (\omega L)^2}$ 　　　　　　　④ $Z = R + \text{j}\omega L$

（3）在 RL 串联正弦交流电路中，$R = 5\Omega$ ，$X_L = 8.66\Omega$ ，电感元件的电压超前电流的相位为（　　）。

①60°　　　　　　　　②30°　　　　　　　　③−30°　　　　　　　　④−60°

（4）在如图 4-22 所示的正弦电路中，若 $\omega L \ll \dfrac{1}{\omega C_2}$ ，电流有效值为 $I_1 = 4\text{A}$ ，$I_2 = 3\text{A}$ ，则总电流有效值 I 约为（　　）。

①7A　　　　　　　　②−2A　　　　　　　　③1A　　　　　　　　④−1A

4-8　将一个 10kΩ 的电阻元件和一个 1μF 的电容元件并联后，接到 $u = 220\sqrt{2}\sin 314t\text{V}$ 的交流电源上。（1）试分别求出电容元件和电阻元件上的电流值；（2）画出总电流和总电压的相量图。

4-9　在如图 4-23 所示的交流电路中，已知 $X_L = X_C = R = 4\Omega$ ，电流表 A_1 的读数为 3A。问：（1）并联等效的复阻抗 Z 为多少？（2）电流表 A_2 和 A_3 的读数为多少？

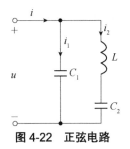
图 4-22　正弦电路

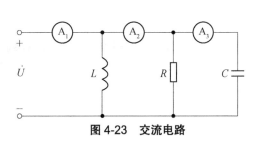
图 4-23　交流电路

4.4 功率因数及功率补偿

交流电路中的功率因数定义为有功功率与视在功率的比值，即

$$\cos\varphi = \frac{P}{S} = \frac{P}{\sqrt{P^2 + Q^2}} \tag{4-24}$$

供电系统中的负载大多属于感性负载。例如，工矿企业大量使用的异步电动机，控制电路中的交流接触器，以及照明用的荧光灯等，都是感性负载。由于感性负载的电流滞后于电压（$\varphi \neq 0$），所以其功率因数总小于 1（$\cos\varphi < 1$），电能利用效率不高。

1. 功率因数过低的危害

功率因数过低在电能利用和电力系统运行中会导致以下两方面的问题。

（1）电源容量不能得到充分利用。

交流电源（如发电机和变压器）的容量是按照设计的额定电压 U_N 和额定电流 I_N 确定的。视在功率 $S_N = U_N I_N$ 就是电源的额定容量。交流电源可否供出如此大的有功功率，取决于负载电路的功率因数。例如，$S = 1000\text{kV} \cdot \text{A}$ 的发电机，给功率因数 $\cos\varphi = 0.9$ 的负载供电，它能提供给负载 $P = S\cos\varphi = 1000 \times 0.9 = 900\text{kW}$ 的有功功率。当 $\cos\varphi = 0.5$ 时，它就只能提供 $P = 500\text{kW}$ 的有功功率。由此可见，负载功率因数减小后，电源输出的有功功率也随之减小，电源的容量不能充分发挥作用。

（2）增加输电线路的电压降和功率损失。

因为 $P = UI\cos\varphi$，所以有

$$I = \frac{P}{U\cos\varphi}$$

$$\Delta P = I^2 r$$

式中，r 为输电线路的等效电阻。由此可见，在电源电压 U 和输送的功率 P 一定时，随着 $\cos\varphi$ 的减小，输电线路上的电流 I 将增大。由于输电线路本身有一定的阻抗，因此电流的增大将使输出电线路上的电压降增大，用户端的电压也随之降低。同时，随着电流的增大，输电线路上的功率损失 $\Delta P = I^2 r$ 也增大。因此，提高供电系统的功率因数是节能降耗的一个重要途径。

2. 提高功率因数的方法

提高功率因数的方法通常是在感性负载的两端并联电容，如图 4-24（a）所示，这种电容称为补偿电容，它可安装在用电器两端（如荧光灯两端），也可安装在电源电压输出端。由于这种方法是在感性负载两端并联电容，供电电源电压不变，因此不影响原感性负载的工作。同时，电容本身不消耗有功功率，只提供无功功率，整个电路的有功功率不变。以电压为参考相量画出并联电容前、后的电流相量，如图 4-24（b）所示。

由相量图可知，当功率因数由 $\cos\varphi_1$ 提高到 $\cos\varphi$ 时，有

$$I_C = I_1 \sin\varphi_1 - I\sin\varphi \tag{4-25}$$

并联电容前输电线路上的电流为

$$I_1 = \frac{P}{U\cos\varphi_1}$$

并联电容后输电线路上的电流为

$$I = \frac{P}{U\cos\varphi}$$

并联电容后电容支路上的电流为

$$I_{\mathrm{C}} = \frac{U}{X_{\mathrm{C}}} = \omega C U$$

将 I_1、I、I_{C} 代入式（4-25）并化简得

$$C = \frac{P}{\omega U^2}\left(\tan\varphi_1 - \tan\varphi\right) \tag{4-26}$$

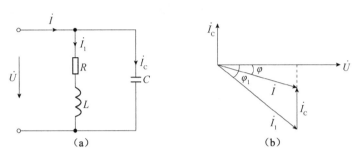

图 4-24　提高感性负载功率因数

【练习与思考 4.4】

4-9　为什么要提高供电系统的功率因数？

4-10　提高了供电系统的功率因数，供电线路上的电流是增大还是减小？整个电路的有功功率有无变化？无功功率有无变化？感性负载支路的无功功率有无变化？

4-11　通过给感性负载并联电容的方法来提高电路的功率因数，有无可能使得呈感性的电路变为呈容性的电路？为什么？

4.5　本章小结

（1）本章介绍了正弦交流电路的基本概念，正弦交流电的三要素，以及正弦量的相量表示方法与相量图。要求理解周期（频率）、幅值（有效值）及相位（初相位、相位差）的概念，掌握相量的几种常用表示形式，尤其是代数形式和极坐标形式之间的相互转换。

（2）单一元件的正弦交流电路有 3 种，即电阻元件电路、电感元件电路和电容元件电路，要清楚其电压及电流的数量关系、相位关系。掌握感抗和容抗的概念与计算方法，掌握有功功率和无功功率的概念和计算方法。

（3）掌握正弦交流电路常用的分析与计算方法，即相量法，熟悉相量图的绘制方法。理解谐振的概念，掌握 RLC 串联谐振和并联谐振的特点。理解功率因数的概念，掌握有功功率、无功功率与视在功率的关系及计算方法。理解提高功率因数的意义，掌握其方法及原理。

习题 4

习题 4-1　单项选择

（1）已知 $u_1 = 110\sin(341t - 30°)\text{V}$，$u_2 = 220\sin(314t + 15°)\text{V}$，则 u_2 超前 u_1 的相位为（　　）。

①$-15°$　　　　　　②$45°$　　　　　　③$15°$　　　　　　④$-45°$

（2）在 RLC 串联交流电路中，已知 $X_L = X_C = 10\Omega$，$I = 2\text{A}$，$R = 3\Omega$，则电路的电源电压 U 为（　　）。

①$6\text{V}$　　　　　　②$14\text{V}$　　　　　　③-6V　　　　　　④$10\text{V}$

（3）在如题图 4-1 所示的正弦交流电路中，电阻元件的瞬时值伏安关系表达式为（　　）。

①$u = R\dfrac{\mathrm{d}i}{\mathrm{d}t}$　　　②$\dot{I} = uR$　　　③$u = Ri$　　　④$u = \dfrac{1}{R}\int_0^1 i\mathrm{d}t + u_0$

（4）RC 串联正弦交流电路如题图 4-2 所示，下列各式正确的是（　　）。

①$Z = R + \mathrm{j}\dfrac{1}{\omega C}$　　　②$\dot{U} = \dot{U}_R - \dot{U}_C$　　　③$Z = R - \dfrac{1}{\mathrm{j}\omega C}$　　　④$Z = R + \dfrac{1}{\mathrm{j}\omega C}$

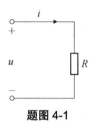　　　　　　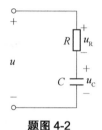

题图 4-1　　　　　　　　　　　　题图 4-2

习题 4-2　判断

（1）当两元件串联时，其总的等效复阻抗可表示为 $Z = Z_1 + Z_2$。（　　）

（2）在串联交流电路中，元件电压一定小于总电压。（　　）

（3）在 RLC 串联交流电路中，串联等效复阻抗为 $Z = R + \mathrm{j}(X_L - X_C)$。（　　）

（4）正弦量的幅值和有效值与时间、频率和初相位有关。（　　）

习题 4-3　在如题图 4-3 所示的电路中，除 A_0 和 V_0 的读数以外，其余电流表和电压表的读数都已标出，试求 A_0 和 V_0 的读数，并画出它们的相量图。

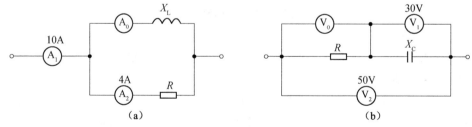

题图 4-3

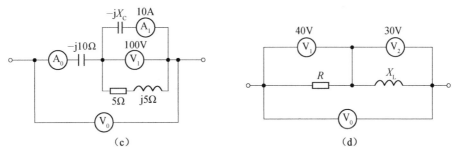

（c）　　　　　　　　　　　　　（d）

题图 4-3（续）

习题 4-4　在如题图 4-4 所示的电路中，电流表 A_1 和 A_2 的读数分别为 $I_1 = 3A$，$I_2 = 4A$。（1）设 $Z_1 = R$，$Z_2 = -jX_C$，问电流表 A_0 的读数应为多少？（2）设 $Z_1 = R$，问 Z_2 为何值才能使电流表 A_0 的读数最大？此读数应为多少？（3）设 $Z_1 = jX_L$，问 Z_2 为何值才能使电流表 A_0 的读数最小？此读数应为多少？

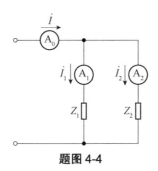

题图 4-4

习题 4-5　在如题图 4-5 所示的电路中，已知 $I_1 = 10A$，$I_2 = \sqrt{2}A$，$U = 200V$，$R = 5\Omega$，$R_2 = X_L$，试求 I、X_C、X_L 及 R_2。

习题 4-6　在如题图 4-6 所示的电路中，已知 $I_1 = I_2 = 10A$，$U = 100V$，u 与 i 同相，试求 I、R、X_C 及 X_L。

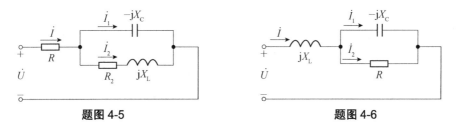

题图 4-5　　　　　　　　　　　　　题图 4-6

习题 4-7　在如题图 4-7（a）所示的电路中，元件 1 和 2 串联，经实验得到 u_1 和 u_2 的波形如题图 4-7（b）所示，已知屏幕横坐标为 5ms/格，纵坐标为 10V/格。设 u_1 的初相位为零，（1）试写出 u_1、u_2 的瞬时值表达式；（2）求电源电压 u，并画出所有电压的相量图。

习题 4-8　荧光灯灯管与镇流器串联接到交流电源上，可看作一个 RL 串联电路。已知 40W 荧光灯的额定电压为 220V，灯管电压为 75V，若不考虑镇流器的功率损耗，试计算荧光灯正常发光后电路的电流及功率因数。

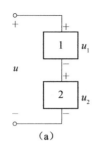
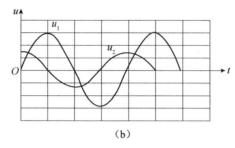

（a）　　　　　　　　　　（b）

题图 4-7

习题 4-9　在 RC 串联电路中，电源电压为 u，电阻和电容上的电压分别为 u_R 和 u_C，已知电路阻抗模为 $2\sqrt{2}\text{k}\Omega$，频率为 1kHz，设 u 与 i 之间的相位差为 $45°$，$I = 14.14\text{mA}$，试求：（1）R 和 C；（2）U。

习题 4-10　在如题图 4-8 所示的电路中，已知电流表 A_1 的读数为 8A，电压表 V_1 的读数为 50V，交流电源的频率为 50Hz。试求：（1）其他电表的读数；（2）C；（3）电路的有功功率、无功功率和功率因数。

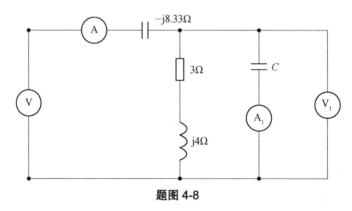

题图 4-8

习题 4-11　在 RLC 串联交流电路中，已知 $R = 30\Omega$，$X_L = 80\Omega$，$X_C = 40\Omega$，电流为 2A。试求：（1）电路阻抗；（2）电路的有功功率、无功功率和视在功率；（3）各元件上的电压有效值；（4）画出电路的相量图。

习题 4-12　在 RLC 并联交流电路中，已知 $R = 25\Omega$，$L = 8\text{mH}$，$C = 500\mu\text{F}$，电源角频率为 500rad/s，电压有效值为 100V。试求：（1）电路阻抗；（2）各支路电流及总电流；（3）电路的有功功率、无功功率和视在功率；（4）画出电路的相量图。

习题 4-13　在如题图 4-9 所示的电路中，已知 $U = 220\text{V}$，$R_1 = 10\Omega$，$X_1 = 10\sqrt{3}\Omega$，$R_2 = 20\Omega$，试求各电流和平均功率。

习题 4-14　在如题图 4-10 所示的电路中，已知 $u = 220\sqrt{2}\sin 314t\text{V}$，$i_1 = 22(314t - 45°)\text{A}$，$i_2 = 11\sqrt{2}\sin(314t + 90°)\text{A}$，试求各电表读数及电路参数 R、L 和 C。

习题 4-15　在如题图 4-11 所示的电路中，已知 $U = 220\text{V}$，$R = 22\Omega$，$X_L = 22\Omega$，$X_C = 11\Omega$，试求电流 I_R、I_L、I_C 及 I。

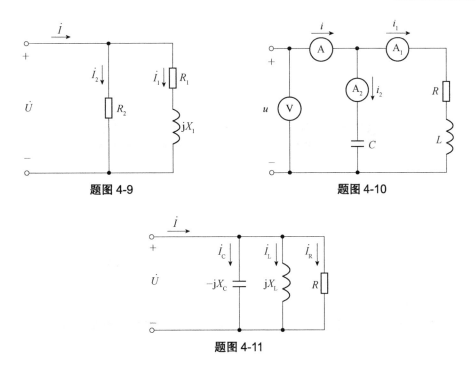

题图 4-9 　　　　　　　　　　　　　　　　　题图 4-10

题图 4-11

习题 4-16　在如题图 4-12 所示的电路中，求电流 i 。

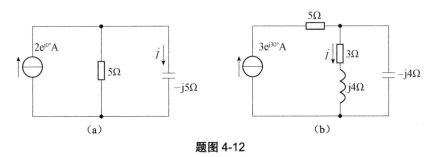

（a）　　　　　　　　　　　　　　　　（b）

题图 4-12

习题 4-17　在如题图 4-13 所示的电路中，已知 $\dot{U}_C = 1\angle 0° \text{V}$ ，试求 U 。

习题 4-18　在如题图 4-14 所示的电路中，已知 $U_{ab} = U_{bc}$ ， $R = 5\Omega$ ， $X_C = \dfrac{1}{\omega C} = 5$ ， $Z_{ab} = R + jX_L$ 。试求当 u 、 i 同相时 Z_{ab} 等于多少。

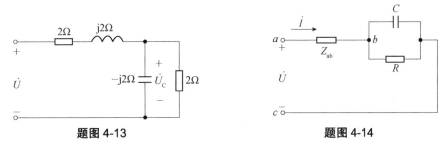

题图 4-13 　　　　　　　　　　　　　　　题图 4-14

习题 4-19　在 RLC 串联谐振电路中，已知总电压 $U = 200\text{V}$ ， $R = 1\Omega$ ， $X_L = X_C = 20\Omega$ ，频率 $f = 100\text{Hz}$ ，试求：（1） L 和 C ；（2） P 、 Q 和 S 。

第5章 三相交流电路

三相交流电路与单相交流电路相比具有很多优点，它在发电、输配电及将电能转换为机械能方面都有明显的优越性。制造三相发电机、变压器比制造单相发电机、变压器省材料，而且三相发电机、变压器构造简单，性能优良；用相同材料制造的三相发电机，容量比单相发电机大 50%；在输送功率相同的情况下，三相输电线路较单相输电线路可节省 25%左右的有色金属，而且在输电时电能损失较少。因此，在电能的产生和大规模应用中，三相交流电路应用最为广泛。

5.1 三相电源

5.1.1 对称三相电源的产生

三相交流电是由三相交流发电机产生的。在三相交流发电机中有 3 个相同的定子绕组，这三相绕组对称地嵌放在发电机定子铁芯的内圆周表面的槽孔中，其始端分别用 A、B、C 表示，末端分别用 X、Y、Z 表示。AX、BY、CZ 三相绕组分别称为 A 相、B 相和 C 相绕组。发电机转子上装有直流励磁绕组，当原动机拖动转子转动且转子铁芯选择合适的极面形状时，定子三相绕组就会产生大小相等、相位互差 120°的正弦电动势。在电气制图的国家标准中，对于交流系统的相序，对电源方有第一相标 L_1、第二相标 L_2、第三相标 L_3；对三相负载或设备端依次标注为 U、V、W。目前，在三相交流电路的分析与计算中，习惯上仍沿用 A、B、C 字符标注三相电源（或负载），本章仍采用这种标注方式。

对三相交流发电机进行合理的设计和制造，可以使得三相定子绕组产生幅值相等、频率相同、相位互差 120°的正弦电动势。若以 A 相电源作为参考正弦量，则三相电动势表示为

$$e_A = E_m \sin \omega t$$
$$e_B = E_m \sin(\omega t - 120°) \tag{5-1}$$
$$e_C = E_m \sin(\omega t - 240°) = E_m \sin(\omega t + 120°)$$

相量表达式为

$$\dot{E}_A = E\angle 0°$$
$$\dot{E}_B = E\angle 120° \tag{5-2}$$
$$\dot{E}_C = E\angle -120°$$

三相电动势的波形图和相量图如图 5-1 所示。

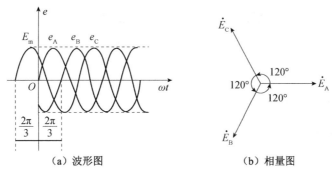

（a）波形图　　　　　　　（b）相量图

图 5-1　三相电动势的波形图和相量图

三相交流电在相位上的先后次序称为相序，如上述的三相电动势 e_A、e_B、e_C 依次滞后 120°，其相序为 A→B→C。

频率相同、幅值相等、相位互差 120° 的三相电动势，称为对称三相电动势。由图 5-1 可知，对称三相电动势 e_A、e_B、e_C 在任一时刻的瞬时值之和为 0，或相量之和为 0。

5.1.2　对称三相电源的连接

1. 对称三相电源的星形（Y）连接

把发电机三相绕组的末端 X、Y、Z 连接成一点，把首端 A、B、C 作为与外部电路相连接的端点，这种连接方式称为三相电源的星形连接，如图 5-2 所示。

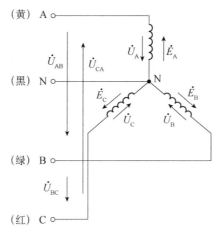

图 5-2　三相电源的星形连接

为了方便进行电路分析，进行如下定义。

中性线、零线或地线：在图 5-2 中，N 点称为中性点，通常电源的中性点是接地的，所以也称为零点。从中性点（零点）引出的导线称为中性线、零线或地线。

端线或相线：从首端（A、B、C）引出的 3 根导线称为端线或相线，俗称火线。它们通常用不同的颜色（黄、绿、红）标记。

三相四线制供电系统：由三根相线和一根中性线构成的供电系统称为三相四线制供电系统。通常低压供电网采用三相四线制供电系统。日常生活中见到的只有两根导线的单相供电线路只是其中的一相，是由一根相线和一根中性线组成的。

三相四线制供电系统可输送两种电压：一种是相电压；另一种是线电压。

相电压：相线与中性线之间的电压称为相电压，各相电压为 U_A、U_B、U_C，当没有特别指明哪相电压时，常用 U_P 表示相电压。

线电压：相线与相线之间的电压称为线电压，各线电压为 U_{AB}、U_{BC}、U_{CA}，当没有特别指明哪两根相线之间的电压时，常用 U_L 表示线电压。

规定各相电动势的参考方向为从绕组的末端指向首端，相电压的参考方向为从首端指向末端（从相线指向中性线），线电压，如 U_{AB} 的参考方向为从 A 端指向 B 端。由图 5-3 可知，线电压与相电压之间的关系为

$$\dot{U}_{AB} = \dot{U}_A - \dot{U}_B$$
$$\dot{U}_{BC} = \dot{U}_B - \dot{U}_C \tag{5-3}$$
$$\dot{U}_{CA} = \dot{U}_C - \dot{U}_A$$

由于三相电动势是对称的，所以相电压也是对称的。在画相量图时，若以 A 相电压 $\dot{U}_A$ 作为参考相量，则可画出 $\dot{U}_B$、$\dot{U}_C$ 及各线电压的相量，如图 5-3 所示。由此可见，相电压对称，线电压也对称，但线电压是相电压的 $\sqrt{3}$ 倍，在相位上线电压超前相应相电压 30°。线电压的有效值用 U_L 表示，相电压的有效值用 U_P 表示。由相量图可推导出线电压与相电压的关系为

$$\dot{U}_L = \sqrt{3}\dot{U}_P \angle 30° \tag{5-4}$$

在我国，常用低压供电的三相四线制系统中的线电压是 380V，相电压是 220V。

2. 三相电源的三角形（△）连接

将三相电源三相绕组的末端、首端依次相连，即 X 与 B、Y 与 C、Z 与 A 相连，形成闭合三角形，再从三个连接点引出端线，就形成三相电源的三角形连接，如图 5-4 所示。三相电源的三角形连接只能向负载提供一种电压，即线电压，此时线电压为相应绕组的端电压。三相电源的三角形连接一般只用在工业领域或变流技术中。

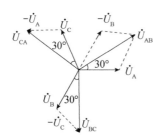

图 5-3　线电压与相电压相量图

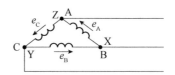

图 5-4　三相电源的三角形连接

【练习与思考 5.1】

5-1　单项选择

（1）已知某三相四线制电路中的线电压，即 $\dot{U}_{AB} = 380\angle 33°V$，$\dot{U}_{BC} = 380\angle -87°V$，$\dot{U}_{CA} = 380\angle 153°V$，当 $t = 8s$ 时，三个线电压之和为（　　）。

①380V　　　　　②0V　　　　　③$380\sqrt{2}$ V　　　　　④$10\angle 45°$V

（2）在某对称三相电源星形连接的电路中，已知线电压 $u_{AB} = 380\sqrt{2}\sin\omega t$ V，则 C 相电压有效值相量 $\dot{U}_C =$（　　）。

①$220\angle 90°$ V　　　　②$380\angle 90°$ V　　　　③$220\angle -90°$ V　　　　④$380\angle -90°$ V

5-2　在三相四线制的对称三相电路中，已知 $u_B = 220\sqrt{2}\sin(\omega t - 15°)$ V，试写出 u_A、u_C、u_{AB}、u_{BC}、u_{CA} 的表达式。

5.2　三相交流电路分析

5.2.1　负载星形连接的三相电路

三相交流电路中负载的连接方式有两种：星形连接和三角形连接。负载星形连接的三相四线制电路如图 5-5 所示，若不计中性线阻抗，电源中性点 N 与负载中性点 N′ 等电位，端线阻抗可忽略，则负载的相电压与电源的相电压相等，即

$$\dot{U}_a = \dot{U}_A,\ \dot{U}_b = \dot{U}_B,\ \dot{U}_c = \dot{U}_C \tag{5-5}$$

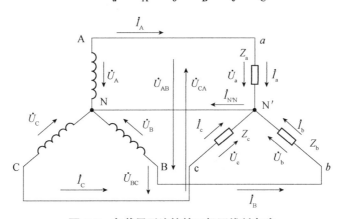

图 5-5　负载星形连接的三相四线制电路

负载的线电压与电源的线电压相等，即

$$\dot{U}_{ab} = \dot{U}_{AB},\ \dot{U}_{bc} = \dot{U}_{BC},\ \dot{U}_{ca} = \dot{U}_{CA} \tag{5-6}$$

相电流：流过每相负载的电流称为相电流，如图 5-5 中的 $\dot{I}_a$、$\dot{I}_b$、$\dot{I}_c$，相电流大小用 I_P 表示。

线电流：流过端线的电流称为线电流，如图 5-5 中的 $\dot{I}_A$、$\dot{I}_B$、$\dot{I}_C$，线电流大小用 I_L 表示。

对称三相负载：设三相负载的复阻抗为 $Z_A = |Z_A| e^{j\varphi_A}$，$Z_B = |Z_B| e^{j\varphi_B}$，$Z_C = |Z_C| e^{j\varphi_C}$，若三相负载的复阻抗相等，即 $Z_A = Z_B = Z_C$，或表示为 $|Z_A| = |Z_B| = |Z_C| = |Z|$ 和 $\varphi_A = \varphi_B = \varphi_C = \varphi$，则称这样的三相负载为对称三相负载。若 $Z_A \ne Z_B \ne Z_C$，则这样的三相负载为不对称三相负载。

当三相负载为星形连接时，电路有以下基本关系。

① 线电流等于相应相的相电流，即 $\dot{I}_L = \dot{I}_P$。

② 在三相四线制电路中，线电压等于相电压的 5 倍，线电压超前相应相电压 30°，即

$$\dot{U}_A = \sqrt{3}\dot{U}_P\angle 30°$$

③ 三相四线制电路中各相电流的计算可分成 3 个单相电路分别计算，即

$$\dot{I}_A = \dot{I}_a = \frac{\dot{U}_A}{Z_a}, \quad \dot{I}_B = \dot{I}_b = \frac{\dot{U}_B}{Z_b}, \quad \dot{I}_C = \dot{I}_c = \frac{\dot{U}_C}{Z_c}$$

上述式子中，三个相电压 $\dot{U}_A$、$\dot{U}_B$、$\dot{U}_C$ 始终是对称的。若三相负载不对称，则相电流（或线电流）不对称，如图 5-6（a）所示。

若三相负载对称，即 $Z_A=Z_B=Z_C$，则相电流（或线电流）也对称，如图 5-6（b）所示。显然，在电源和负载都对称的情况下，只需计算一相，其他两相可按照对称关系直接写出，此时中性线电流为

$$\dot{I}_{N'N} = \dot{I}_A + \dot{I}_B + \dot{I}_C = 0 \tag{5-7}$$

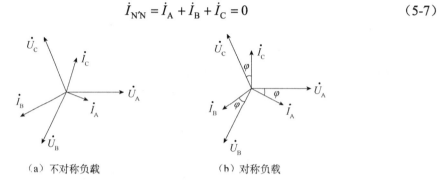

（a）不对称负载　　　　　　　　（b）对称负载

图 5-6　负载星形连接相量图

因为中性线电流为零，所以可以不设置中性线。这样，当负载为对称三相负载时，就形成了三相三线制的送电方式，如图 5-7 所示。此时，电源中性点 N 与负载中性点 N′的电位仍然相等，每相负载仍然承受电源相应的相电压。

在工业生产中广泛使用的三相异步电动机就是对称三相负载。

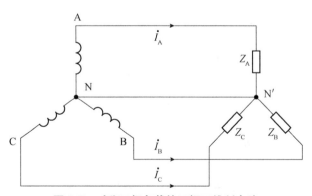

图 5-7　对称三相负载的三相三线制电路

例 5.1　在如图 5-8（a）所示的电路中，对称三相电源的电压为 U_L=380V，三相负载的参数为 $Z_A = 5\Omega$，$Z_B = 10\Omega$，$Z_C = 20\Omega$，三相负载均为电阻。试求：（1）各相负载的相电流和中性线电流；（2）当中性线断开时各负载上的相电压。

解：设以 A 相电压为参考正弦量，即 $\dot{U}_A = 220\angle 0°\text{V}$。

（1）在有中性线时，各相负载电压等于电源的相电压，由于电源电压对称，所以各相电流为

$$\dot{I}_{A} = \frac{\dot{U}_{A}}{Z_{A}} = 44\angle 0°\text{A} , \quad \dot{I}_{B} = \frac{\dot{U}_{B}}{Z_{B}} = 22\angle -120°\text{A} , \quad \dot{I}_{C} = \frac{\dot{U}_{C}}{Z_{C}} = 11\angle 120°\text{A}$$

根据 KCL，可求得中性线电流 $\dot{I}_{N'N}$ 为

$$\dot{I}_{N'N} = \dot{I}_{A} + \dot{I}_{B} + \dot{I}_{C} = 44\angle 0° + 22\angle -120° + 11\angle 120°$$
$$= 27.5 - j9.45 \approx 29.1\angle -19°\text{A}$$

由此可见，当三相负载不对称时，中性线上有电流。虽然中性线电流不为零，但是由于中性线的存在，负载中性点与电源中性点仍然是等电位的，即 $\dot{U}_{N'N} = 0$。因此，负载承受的电压仍然是电源的相电压，以使设备或负载在额定电压下正常工作。

（2）当中性线断开时，电路变为三相三线制电路，等效为如图 5-8（b）所示的电路。根据节点电位法的相量形式，两个中性点之间的电压 $\dot{U}_{N'N}$ 为

$$\dot{U}_{N'N} = \frac{\dfrac{\dot{U}_{A}}{Z_{A}} + \dfrac{\dot{U}_{B}}{Z_{B}} + \dfrac{\dot{U}_{C}}{Z_{C}}}{\dfrac{1}{Z_{A}} + \dfrac{1}{Z_{B}} + \dfrac{1}{Z_{C}}} = \frac{\dfrac{220\angle 0°}{5} + \dfrac{220\angle 120°}{10} + \dfrac{220\angle -120°}{20}}{\dfrac{1}{5} + \dfrac{1}{10} + \dfrac{1}{20}} \approx 83.4\angle 19°\text{V} \quad (5\text{-}8)$$

显然，当负载不对称且无中性线时，$\dot{U}_{N'N} \neq 0$。说明 N' 和 N 不再是等电位的。此时，各相负载上的电压出现了不对称现象，分别为

$$\dot{U}_{AN'} = \dot{U}_{A} - \dot{U}_{N'N} = 220\angle 0° - 283.4\angle 19° \approx 144\angle -10.9°\text{V}$$
$$\dot{U}_{BN'} = \dot{U}_{B} - \dot{U}_{N'N} = 220\angle -120° - 83.4\angle 19° \approx 288.1\angle -131°\text{V}$$
$$\dot{U}_{CN'} = \dot{U}_{C} - \dot{U}_{N'N} = 220\angle 120° - 83.4\angle 19° = 249.7\angle 139.1°\text{V}$$

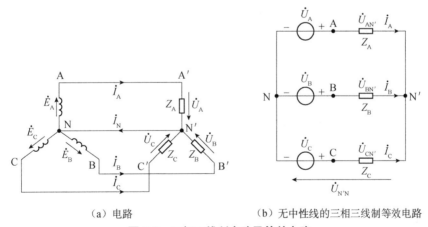

（a）电路   （b）无中性线的三相三线制等效电路

图 5-8 三相三线制电路及等效电路

由此可见，各相负载实际承受的电压大小不等，有的相电压超过额定值 220V，如 B 相负载电压为 288.1V，C 相负载电压为 249.7V；有的相电压低于额定值，如 A 相负载电压仅为 144V。这些情况都会使负载不能正常工作，甚至会损坏设备。同时，各相负载电流也是不对称的。

因此,当负载不对称时,中性线是不可省掉的。在负载不对称的电路中,中性线起着保证各相负载电压为各相应电源相电压的作用,从而确保各相负载都能在额定电压下正常工作,互不影响。

为了防止中性线突然断开从而导致负载或设备损坏,不允许在中性线上安装熔断器和开关。

例 5.2 在如图 5-9(a)所示的三相四线制电路中,外加电压 U_L=380V,试求各相负载电流及中性线电流并画相量图。

解: 线电压 $U_L = 380V$,相电压 $U_P = 220V$,若选择 u_A 为参考相量,即其初相为 0,则

$$\dot{I}_A = \frac{\dot{U}_A}{Z_A} = \frac{220\angle0°}{4+j3} = \frac{220\angle0°}{5\angle36.9°} = 44\angle-36.9°A$$

$$\dot{I}_B = \frac{\dot{U}_B}{Z_B} = \frac{220\angle-120°}{5} = 44\angle-120°A$$

$$\dot{I}_C = \frac{\dot{U}_C}{Z_C} = \frac{220\angle120°}{6-j8} = \frac{220\angle120°}{10\angle-53.1°} = 22\angle173.1°A$$

$$\dot{I}_N = \dot{I}_A + \dot{I}_B + \dot{I}_C = 44\angle-36.9° + 44\angle-120° + 22\angle173.1° = 62.5\angle-97.1°A$$

相量图如图 5-9(b)所示。

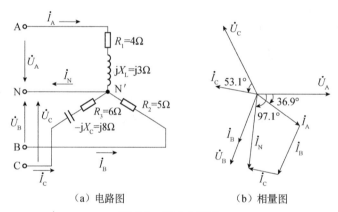

(a)电路图   (b)相量图

图 5-9 例 5.2 用图

5.2.2 负载三角形连接的三相电路

如果将三相负载的首尾相连,再将 3 个连接点与三相电源的 A、B、C 端相连,则可构成负载的三角形连接。负载三角形连接的三相三线制电路如图 5-10 所示,其中 Z_{AB}、Z_{BC}、Z_{CA} 分别为三相负载的复阻抗,各电量的参考方向按习惯标出。若忽略端线阻抗($Z_L = 0$),则电路具有以下关系。

(1)线电压等于相应的相电压,即 $U_L = U_P$。由于供电线路上的线电压总是对称的,所以不论负载对称与否,负载的相电压总是对称的。

(2)各相电流分别为

$$\dot{I}_{ab} = \frac{\dot{U}_{AB}}{Z_{AB}} = \frac{\dot{U}_{AB}}{\left|Z_{AB}\angle\varphi_{AB}\right|}, \quad \dot{I}_{bc} = \frac{\dot{U}_{BC}}{Z_{BC}} = \frac{\dot{U}_{BC}}{\left|Z_{BC}\right|\angle\varphi_{BC}}, \quad \dot{I}_{ca} = \frac{\dot{U}_{CA}}{Z_{CA}} = \frac{\dot{U}_{CA}}{\left|Z_{CA}\right|\angle\varphi_{CA}} \quad (5-9)$$

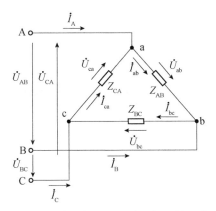

图 5-10   负载三角形连接的三相三线制电路

（3）当负载对称，即 $Z_{AB}=Z_{BC}=Z_{CA}=Z$ 时，三相电流也是对称的，其相量图如图 5-11 所示。这时只需计算一相电路，其他两相可按照对称关系直接写出。

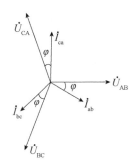

图 5-11   对称负载三角形连接的相量图

（4）各线电流由相邻两相电流决定，列节点电流方程可得线电流表达式：

$$\dot{I}_A = \dot{I}_{ab} - \dot{I}_{ca}, \quad \dot{I}_B = \dot{I}_{bc} - \dot{I}_{ab}, \quad \dot{I}_C = \dot{I}_{ca} - \dot{I}_{bc} \tag{5-10}$$

在三相负载对称的条件下，线电流是相电流的 $\sqrt{3}$ 倍，线电流滞后相应相电流 30°，即 $\dot{I}_L = \sqrt{3}\dot{I}_P \angle -30°$。此结论可用式（5-10）进行证明，或用相量图证明。

当负载为三角形连接时，相电压即供电线路上的线电压，它们总是对称的。某一相负载断开不会影响其他两相负载的工作。

例 5.3   在如图 5-12 所示的电路中，有两组对称的三相负载，分别接成三角形和星形，其中星形负载阻抗 $Z_A = 10\angle 53.1°\Omega$，三角形负载阻抗 $Z_B=5\Omega$，电源相电压 $U_P=220V$，试求线电流 $\dot{I}_A$。

解：设以 A 相电压为参考正弦量，即 $U_A=220\angle 0°V$。

由于三相负载和三相电源均对称，因此只要求出其中一相的负载电流即可。

星形负载的线电流即相电流：

$$\dot{I}_{YL} = \dot{I}_{YP} = \frac{\dot{U}}{Z_A} = \frac{220\angle 0°}{10\angle 53.1°} = 22\angle -53.1°A$$

三角形负载的相电流为

$$\dot{I}_{AB} = \frac{\dot{U}_{AB}}{Z_B} = \frac{380\angle 30°}{5} = 76\angle 30°A$$

所以三角形负载的线电流为

$$\dot{I}_{\triangle L} = \sqrt{3}\dot{I}_{AB}\angle -30° = \sqrt{3}\times 76\angle 0° \approx 131.6\angle 0°A$$

根据相量形式的 KCL，可求得电路的线电流 $\dot{I}_A$ 为

$$\dot{I}_A = \dot{I}_{YL} + \dot{I}_{\triangle L} = 22\angle 0° - 53.1° + 131.6\angle 0° \approx 145.8\angle 7°A$$

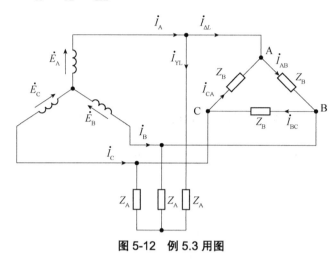

图 5-12　例 5.3 用图

5.2.3　三相功率

三相电路的总功率（有功功率）等于各相功率之和。无论负载是星形连接还是三角形连接，其总功率都为

$$P = P_A + P_B + P_C = U_A I_A \cos\varphi_A + U_B I_B \cos\varphi_B + U_C I_C \cos\varphi_C \qquad （5-11）$$

式中，φ_A、φ_B、φ_C 分别为各相的相电压与相电流的相位差，或各相复阻抗的阻抗角。当三相负载对称时，若为星形接法，则有

$$I_L = I_P, \quad U_L = \sqrt{3}U_P, \quad P = 3P_P = 3U_P I_P \cos\varphi = \sqrt{3}U_L I_L \cos\varphi$$

若为三角形接法，则有

$$I_L = \sqrt{3}I_P, \quad U_L = U_P, \quad P = 3P_P = 3U_P I_P \cos\varphi = \sqrt{3}U_L I_L \cos\varphi$$

由此可见，无论负载是星形连接还是三角形连接，只要是对称三相负载，其三相电路总功率均可用线电压、线电流表示出来，即

$$P = \sqrt{3}U_L I_L \cos\varphi \qquad （5-12）$$

注意：式（5-12）中 φ 仍是相电压与相电流的相位差，也是每相负载的阻抗角和功率因数角，但不是线电压与线电流的相位差。

同理，三相电路的无功功率也等于各相无功功率之和，即

$$Q = Q_A + Q_B + Q_C = U_A I_A \sin\varphi_A + U_B I_B \sin\varphi_B + U_C I_C \sin\varphi_C \qquad （5-13）$$

在对称负载电路中，三相无功功率为

$$Q = \sqrt{3}U_L I_L \sin\varphi \qquad （5-14）$$

三相视在功率为

$$S = \sqrt{P^2 + Q^2} = \sqrt{3}U_L I_L \qquad （5-15）$$

例 5.4　在如图 5-13 所示的电路中，对称感性负载连成三角形，已知电源电压 U_L =220V，电流表读数为 17.32A，三相功率 P=4.5kW。试求：

（1）每相负载的电阻和感抗；

（2）当 A、B 相断开时，各电流表的读数和总功率；

（3）当 A 相线断开时，各电流表的读数和总功率。

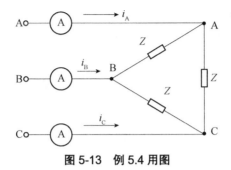

图 5-13　例 5.4 用图

解：（1）由题意知，视在功率为

$$S = \sqrt{3}U_L I_L \approx 6.6\text{kVA}$$

$$P = S\cos\varphi, \quad \varphi = \arccos\frac{P}{S} \approx 47°$$

相电流为

$$I_P = \frac{I_L}{\sqrt{3}} \approx 10\text{A}$$

每相负载的负载阻抗为

$$|Z| = \frac{U_P}{I_P} = 22\Omega$$

每相电阻和感抗为

$$R = |Z|\cos\varphi \approx 15\Omega, \quad X_L = |Z|\sin\varphi \approx 16\Omega$$

（2）当 A、B 相断开时，不影响另外两相负载工作，A、B 两相线上的电流表读数等于负载的相电流，C 相线上的电流表读数不变，即 $I_A = I_B = 10\text{A}$，$I_C = 17.32\text{A}$。

A、C 相和 B、C 间负载功率不变，A、B 间负载功率为 0，则总功率为 $P' = \frac{2}{3}P$=3kW。

（3）当 A 相线断开时，A 相线上的电流表读数为 0，即 I_A =0A。此时电路变成单相电路。

总的复阻抗为

$$Z'' = 2Z//Z = \frac{2}{3}Z = \frac{2}{3}(15+\text{j}16)=10+\text{j}10.67=14.62\angle 46.86°\Omega$$

B 相线和 C 相线上的电流表读数相等，其值为

$$I_B = I_C = \frac{U_P}{|Z''|} = \frac{220}{14.62} \approx 15\text{A}$$

这种情况下的总功率为

$$P = 220\times 15\times\cos 46.86° \approx 2256.5\text{W}$$

【练习与思考 5.2】

5-3 判断

（1）同一台三相发电机的三相绕组，不论星形连接还是三角形连接，其线电压大小是相等的。（　　）

（2）在三相三线制电路中，只有当三相负载对称时，三个线电流之和才等于零。（　　）

（3）在三相四线制电路中，两中性点的电压为零，中性线电流一定为零。（　　）

（4）如果三相电路中三相负载相电压的相量和为零，那么这三个正弦电压一定对称。（　　）

（5）三相电路的线电压与线电流之比等于输电导线的阻抗。（　　）

（6）在负载不对称的三相电路中，负载端的相电压、线电压、相电流、线电流均不对称。（　　）

（7）只有在负载对称且为星形连接的三相电路中，负载的线电流才等于相电流。（　　）

（8）负载为三角形连接的三相电路，其线电流是相电流的 3 倍。（　　）

5-4 对称三相电流 i_A、i_B、i_C 瞬时值之间的关系为 $i_A + i_B + i_C = 0$；i_1、i_2、i_3 为同一节点的三条支路电流，其参考方向均指向节点，根据 KCL，有公式 $i_1 + i_2 + i_3 = 0$。两者公式形式相同，试指出它们本质上的区别。

5-5 在三相四线制的电源系统中，中性线有何作用？开关和熔断器能否接在中性线上？

5-6 有 220V/40W 的白炽灯 60 盏，问应如何接到线电压为 380V 的三相四线制电路及电工技术基础源上，并求负载对称情况下的线电流。

5.3　建筑供配电简介

随着时代的进步，电力系统与人的关系越来越密切，人们的生产、生活都离不开电的应用。如何控制电能使它更好地为人们服务，以及避免电能的损耗和浪费，提高电能的使用效率，从而满足人们对电的需求，变得越来越重要。

电能在生产、输送和消费方面存在以下特点。

① 电能不便于储存。因此，电能的生产、输送、分配、消费必须同时发生。电能不像水或其他物体一样方便储存。

② 电能从一种运行方式到另一种运行方式的过渡过程非常短。因此，需要采取一些措施提高电能运行的效率。

③ 电能与国民经济各部门的关系密切。目前，国民经济各部门都在广泛地使用电能，电能的中断或减少将影响国民经济各部门的正常运行。

因此，为了保证供电的质量和可靠性，需要完善电力系统结构，提高电力系统运行水平。

根据供配电线路电压的高低，电网分为特高压网（750kV 及以上）、超高压网（330～750kV）、高压网（35～330kV）、中压网（10～35kV）和低压网（10kV 以下）。目前，我国电力线路常用的电压等级有 500kV、330kV、220kV、110kV、35kV、10kV、6kV、3kV 和 380V、220V 等。

根据供配电线路电压的作用，一般把电网分为输电网和配电网。输电网将电能从发电厂输送到负荷中心所在的变电所，输电线路电压一般在 35kV 以上。配电网将电能从负荷中心所在的变电所输送到各级电力用户，起分配电能的作用，高压配电线路电压一般为 3kV、6kV 或 10kV；低压配电线路电压一般为 380V 或 220V。

5.3.1 供配电系统的电源连接

在供配电系统中，电气接线图用于表示电力系统各主要部件之间的电气联系。

1. 主接线方式

供配电系统的电源连接主要是指供配电网络接线和变电所的主接线。常用的两种接线方式如下。

（1）无备用式（又称开式）接线方式：由一条电源线路向用户供电，分为单回路放射式、干线式、链式和树枝式，如图 5-14 所示。其特点是接线简单，运行方便，但供电可靠性低。

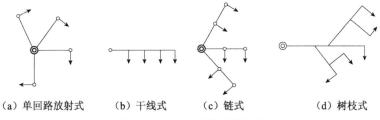

（a）单回路放射式　　（b）干线式　　（c）链式　　　　（d）树枝式

图 5-14　无备用式接线方式

（2）有备用式（也称闭式）接线方式：由两条及以上电源线路向用户供电，分为双回路放射式、双回路干线式、环式、两端供电式和多端供电式，如图 5-15 所示。其特点是供电可靠性高，适用于重要负荷供电场合。

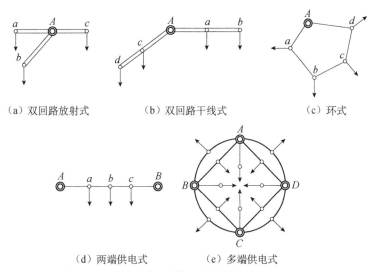

（a）双回路放射式　　　　（b）双回路干线式　　　　（c）环式

（d）两端供电式　　　　（e）多端供电式

图 5-15　有备用式接线方式

在中、低压配电网设计中，接线方式一般应符合一条回路故障不会造成停止对用户供电的可靠性要求。因此，城市电网一般采用有备用式接线方式，而且往往根据负荷的大小、分布及对供电可靠性的不同要求，可以选取几种方式相结合的混合接线方式。

2. 低压配电网的接线方式

低压配电网是指从电压等级为 1kV 以下的配电变压器低压侧或直配发电机母线至各用户用电设备的电力网络。低压配电网的接线要综合考虑配电变压器的容量及供电范围和导线横截面积。低压配电网供电范围半径一般不超过 400m。

低压配电网的接线方式有以下几种。

（1）放射式接线方式。

① 低压架空配电网放射式接线方式。

a. 一台配电变压器一组低压熔断器接线方式。所有的低压配电线路都由一组低压熔断器控制，如图 5-16 所示。其优点是接线简单，造价较低；缺点是供电可靠性低，安全性差，灵敏度低。该接线方式主要用于负荷密度较小、供电范围也较小的地区，配电变压器容量应不超过 50kV·A 或 100kV·A。

b. 一台配电变压器多组低压熔断器接线方式，一路低压配电线路采用一组低压熔断器，如图 5-17 所示，其特点是停电面积小，可靠性高，熔断器的保护灵敏度高。

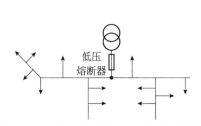

图 5-16　一台配电变压器一组低压熔断器接线方式　　图 5-17　一台配电变压器多组低压熔断器接线方式

② 电缆配电网放射式接线方式。

电缆配电网放射式接线方式包括单回路放射式、双回路放射式（见图 5-18）、带低压开闭所的放射式（见图 5-19）。

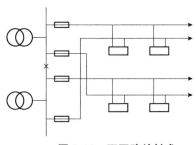
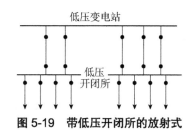

图 5-18　双回路放射式　　　　　图 5-19　带低压开闭所的放射式

（2）普通环式接线方式。

普通环式接线方式是指在同一台配电变压器或几台属于同一中压电源的配电变压器的供电范围内，不同线路的末端或中部连接起来构成环式网络，如图 5-20 所示。

当为单母线分段时，两回路线最好分别来自不同的母线段，这样只有配电变压器全停时才会影响用户用电。其特点是配电线路可分段检修，停电范围较小，一般用于住宅楼群区。

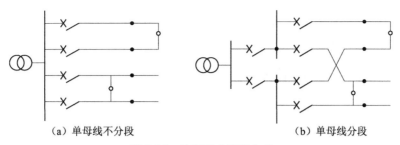

（a）单母线不分段　　　　　　　　　　（b）单母线分段

图 5-20　普通环式接线方式

（3）拉手环式接线方式。

拉手环式接线方式两侧都有电源，如图 5-21 所示。供电可靠性较高，远远高于单电源的普通环式接线方式。

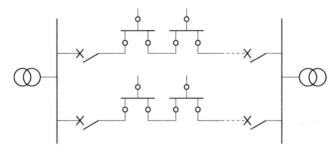

图 5-21　拉手环式接线方式

5.3.2　常用建筑供电形式

建筑供电使用的基本供电系统有三相三线制、三相四线制等。根据国际电工委员会（IEC）规定的各种保护方式、名词术语，低压配电系统按接地方式不同分为三类，即 TT、TN 和 IT，第一个字母（T 或 I）表示电源中性点的对地关系（T 表示接地，I 表示不接地或高阻抗接地）；第二个字母（N 或 T）表示装置外露导电部分的对地关系（N 表示电气设备正常运行时不带电的金属外露部分与电网的中性点直接连接，T 表示接地）。

1. TT 方式供电系统

TT 方式供电系统是指将电气设备的金属外壳直接接地的保护系统，称为保护接地系统，简称 TT 系统，如图 5-22 所示，这种供电系统具有如下特点。

（1）当电气设备的金属外壳带电（相线碰壳或电气设备因绝缘损坏而漏电）时，由于有接地保护，因此可以大大降低触电的危险性。但是，低压断路器（自动开关）不一定能跳闸，所以可能造成漏电设备的外壳对地电压高于安全电压，属于危险电压。

（2）当漏电电流比较小时，熔断器不一定能熔断，还需要漏电保护器做保护，因此 TT 系统难以推广。

（3）TT 系统接地装置耗用钢材多，而且难以回收、费工时、费材料。

TT 系统适用于电气设备容量小而且很分散的场合。

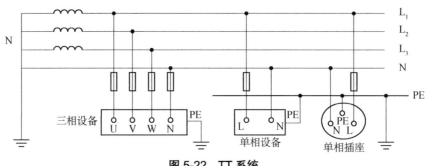

图 5-22　TT 系统

2. TN 方式供电系统

TN 方式供电系统是指将电气设备的金属外壳与工作零线相接的保护系统,称为接零保护系统,简称 TN 系统。TN 系统的电源中性点直接接地,并引出中性线(N 线)、专用保护线(PE 线)或保护中性线(PEN 线),属于三相四线制或三相五线制系统,其具有以下特点。

(1)一旦设备出现外壳带电情况,TN 系统就能将漏电电流上升为短路电流,实际上就是单相对地短路,熔断器的熔丝会立即熔断或低压断路器立即动作而跳闸,使故障设备断电。

(2)TN 系统节省材料和工时,在我国和许多其他国家得到广泛应用,相比 TT 系统优点较多。

根据 PE 线是否与 N 线分开,TN 系统又可分为 TN-C 系统、TN-S 系统、TN-C-S 系统。

(1)TN-C 系统将 PE 线和 N 线的功能综合起来,由一根 PEN 线,承担专用保护线和中性线两者的功能,如图 5-23 所示。TN-C 系统具有以下特点。

① 供配电系统的过流保护可兼做单相接地故障保护。

② 如果 PEN 线断线,短路保护装置不动作,就会使得接于 PEN 线的设备外露可导电部分带电,造成人身触电危险。

③ PEN 线上可能有电流流过,设备外壳对地存在电位差,与不带电金属体碰撞时易产生火花,引发火灾。此外,会对连接在 PEN 线上的其他设备产生电磁干扰。

由于 TN-C 系统存在较大的安全隐患,目前在民用建筑中已不允许采用这种供电方式。

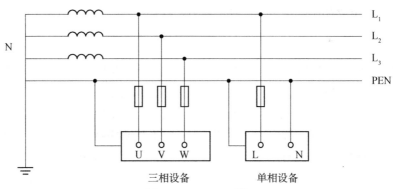

图 5-23　TN-C 系统

(2)TN-S 系统是把 N 线和 PE 线严格分开的供电系统,如图 5-24 所示。

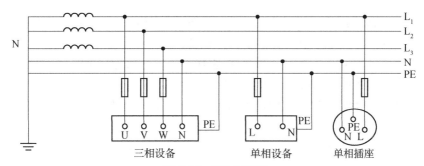

图 5-24　TN-S 系统

TN-S 系统是三相五线制系统，其主要特点如下。

① 当 TN-S 系统正常运行时，PE 线上没有电流，N 线上有不平衡电流。PE 线对地没有电压，所以电气设备金属外壳接零保护是接在 PE 线上的，安全可靠。

② N 线只用作单相照明负载回路。

③ PE 线不允许断线，也不允许接入漏电开关。

④ 干线上使用漏电保护器，N 线不得重复接地，而 PE 线可重复接地，但是不经过漏电保护器，所以 TN-S 系统供电干线上也可以安装漏电保护器。

⑤ PE 线与 N 线分开，与 TN-C 系统相比，投资较高。

TN-S 系统安全、可靠，适用于工业与民用建筑等低压供电系统，是目前我国建筑供电的主要方式。

（3）TN-C-S 系统是指从电源出来的一段采用 TN-C 系统，只起电能的传输作用，到用电负荷附近某一点处，将 PEN 线分成单独的 N 线和 PE 线的供电系统，如图 5-25 所示。

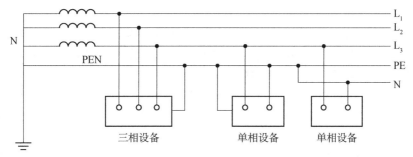

图 5-25　TN-C-S 方式供电系统

例如，在建筑施工临时供电场合中，如果前半部分是 TN-C 系统，而施工规范规定施工现场必须采用 TN-S 系统，则可以在系统后半部分现场总配电箱分出 PE 线和 N 线。

TN-C-S 系统具有如下特点。

① 综合了 TN-C 系统与 TN-S 系统的特点。

② PE 线与 N 线一旦分开，就不能再相连。此系统比较灵活，在对安全或抗电磁干扰要求高的设备或场合中可以采用 TN-S 系统，而在其他场合中可以采用 TN-C 系统。

3. IT 方式供电系统

IT 方式供电系统简称 IT 系统，首字母 I 表示电源侧没有工作接地或经过高阻抗接地；第二个字母 T 表示负载侧电气设备进行接地保护。IT 系统的电源中性点不接地或经 1kΩ阻抗接地，通常不引出 N 线，属于三相三线制系统，如图 5-26 所示。IT 系统具有如下特点。

（1）不设置 N 线，不适于接相电压的单相设备。

（2）设备外露可导电部分经各自的 PE 线直接接地，互相之间无电磁干扰。

（3）当发生一相接地故障时三相设备仍能继续工作。

IT 系统在矿山、冶金等只有三相设备的行业中应用较多，在建筑供配电中应用极少。

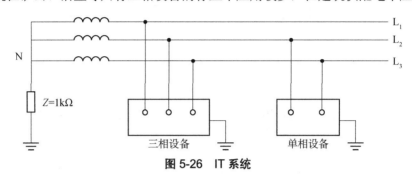

图 5-26 IT 系统

【练习与思考 5.3】

5-7 判断题

（1）特高压网是指电压等级超过 220kV 的电网。（   ）

（2）在城市电力系统低压配电网的设计中，电源连接一般采用有备用式接线方式。（   ）

5-8 常用建筑供电系统有哪几种？试指出它们的区别及应用场合。

5.4 本章小结

（1）本章首先介绍了三相电源的产生和连接，然后介绍了三相对称电动势、相电压、线电压等基本概念。要求了解三相电源的星形连接和三角形连接，相电压、线电压相量图的绘制，以及相电压与线电压的数量关系和相位关系。

（2）理解对称三相负载的概念，理解三相四线制电路与三相三线制电路之间的区别，掌握三相负载星形连接和三角形连接的电路分析方法，掌握相电压、线电压、相电流、线电流的计算方法。

（3）理解三相功率的概念。掌握三相有功功率 P、无功功率 Q 及视在功率 S 的计算方法。

（4）了解建筑供配电的常用基础知识。

习题 5

习题 5-1 已知三相电源绕组电动势 $e_A = 220\sqrt{2}\sin(\omega t + 30°)$ V，试求出另外两相绕组电动势的表达式。

习题 5-2 已知三相电源绕组采用星形连接且三相是对称的，相电压为 220V，如果 A 相绕组首、末端接反了，试求各个线电压的有效值。

习题 5-3 在三相四线制电路中，电源线电压为 380V，三相负载采用星形连接，$Z_A=10\Omega$，$Z_B=j10\Omega$，$Z_C=-j10\Omega$。（1）画出电路图；（2）求四线中流过的电流大小；（3）画出电压、电流相量图。

习题 5-4 在如题图 5-1 所示的电路中，对称负载连成三角形，已知电源线电压 U_L=220V，正常工作时各电流表读数均为38A。试求：（1）当B线断开时，各电流表的读数；（2）当A、C相负载断开时，各电流表的读数。

习题 5-5 有一台三相对称电阻加热炉，$R=10\Omega$，为三角形连接；另有一台三相交流电动机，$Z=10\angle 53.1°\Omega$，功率因数为0.6，为星形连接。它们接到同一个三相电源上，已知三相电源的线电压为380V，如题图5-2所示。试求电路的线电流 $\dot{I}_A$ 和三相负载总的有功功率。

习题 5-6 已知三相异步电动机每相绕组的额定电压为220V，每相阻抗为 $Z=(6+j8)\Omega$，电源线电压为380V。试求：（1）电动机定子绕组应如何连接，电源输入电机的平均功率为多少；（2）若电源线电压为220V，则电机定子绕组应如何连接，此时电源输入电动机的平均功率为多少。

习题 5-7 一对称星形连接三相电源的相电压有效值为220V，试计算其线电压有效值。如果将此电源连接于三角形连接的对称三相负载，每相阻抗为 $Z=(10+j10)\,\Omega$，试计算线电流的有效值、功率因数和总功率。

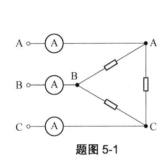

题图 5-1

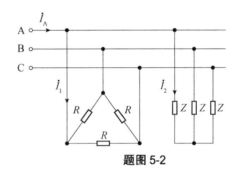

题图 5-2

第6章　铁芯线圈与变压器

电路是电工学课程所研究的基本对象，但是在很多电工设备，如电磁仪表、电磁继电器、变压器、电动机等中，都是利用磁场来实现能量转换的，而磁场通常又是在线圈中通以电流产生的，这就不仅涉及电路的问题，还涉及磁路的问题。只有同时掌握了电路和磁路的基本理论，才能对各种电工设备进行全面的分析。

为了利用较小的励磁电流产生较强的磁场并把磁场约束在一定的空间内加以运用，常用导磁性能良好的铁磁材料做成一定形状的铁芯。由铁芯构成的闭合路径称为磁路。

本章介绍磁路的基本知识，简述交流铁芯线圈内部的基本电磁关系，为分析交流电动机、变压器及其他电磁器具的性能打下基础。本章最后着重阐述变压器的工作原理和特性，并简要介绍电磁铁。

6.1　全电流定律和磁路的欧姆定律

在分析和计算磁路时要用到全电流定律和磁路的欧姆定律。下面就介绍这两个定律的内容，并围绕着这两个定律介绍一些与分析和计算磁路有关的基本知识。

6.1.1　全电流定律

全电流定律：在磁路中，沿任一闭合路径，磁场强度的线积分等于与该闭合路径交链的电流的代数和。用公式表示为

$$\oint_l H \cdot dl = \sum I \tag{6-1}$$

当电流的方向与闭合路径的积分方向符合右手螺旋定则时，电流为正，反之电流为负。

将此定律应用于如图 6-1 所示的环形磁路，设环形铁芯线圈是密绕的且绕得很均匀，若取其中心线为积分回路，则中心线上各点的磁场强度的大小相等，其方向又与 dl 的方向一致，故有

$$\oint H \cdot dl = \oint H dl = H \oint dl = Hl = \sum I$$

即

$$Hl = IN$$

式中，l 为中心线长度，即 $l=2\pi r$；N 为线圈匝数。

在磁路计算中，通过适当选取积分路线，一般可使 H 的方向与 dl 的方向一致，这时

式（6-1）可写为

$$\oint_l H dl = \sum I \qquad (6\text{-}2)$$

如果将磁路沿积分路线分为 n 段，每段中 H 的大小不变，则式（6-2）可写为

$$\sum_{k=1}^{n} H_k l_k = \sum I \qquad (6\text{-}3)$$

式中，$\sum I$ 可理解为产生磁通的磁动势；$H_k l_k$ 为第 k 段磁路的磁压降。

式（6-3）表示，沿磁路一周磁压降的代数和等于磁动势的代数和。这样，全电流定律可以看作磁路的基尔霍夫第二定律。

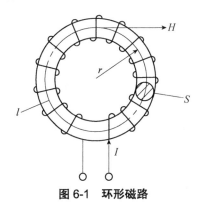

图 6-1　环形磁路

6.1.2　磁路的欧姆定律

对于由一种铁芯材料构成的如图 6-1 所示的环形磁路，由全电流定律可得

$$Hl = IN \qquad (6\text{-}4)$$

磁场强度 H 与磁感应强度 B 之间的关系式为

$$\frac{B}{H} = \mu$$

式中，μ 为磁导率，单位为亨每米（H/m），是一个用来衡量物质导磁能力的物理量。考虑到磁感应强度 B 在数值上等于单位面积上通过的磁通，所以又叫作磁通密度，即

$$B = \frac{\Phi}{S}$$

所以可将式（6-4）变化为

$$IN = Hl = \frac{B}{\mu} l = \frac{\Phi}{\mu S} l = \frac{l}{\mu S} \Phi$$

于是有

$$\Phi = \frac{IN}{l/(\mu S)} = \frac{F}{R_{\mathrm{m}}} \qquad (6\text{-}5)$$

式中，$F=IN$，叫作磁动势，它是产生磁通的原因；$R_{\mathrm{m}} = l/(\mu S)$，叫作磁阻，它表示磁路对磁通的阻碍作用。

式（6-5）表示，由励磁电流（磁动势）在磁路中产生的磁通量的大小和磁动势成正比，和磁路的磁阻成反比。这就是磁路的欧姆定律。

下面分析磁阻公式，即

$$R_{\mathrm{m}} = \frac{l}{\mu S} \tag{6-6}$$

式（6-6）表示，磁路的平均长度 l 越长，磁阻越大；铁芯横截面积 S 越大，磁阻越小。这是容易理解的。

由于铁磁物质的磁导率 μ 不是常数，磁阻 R_{m} 也不是常数，所以磁路的欧姆定律一般仅用于磁路的定性分析。磁路的定量计算要用全电流定律辅以铁磁物质的磁化曲线来进行。

6.1.3 铁磁物质的磁化曲线

铁磁物质的磁化曲线是磁感应强度 B 与磁场强度 H 之间的关系曲线。它由实验方法获得，是进行磁路计算不可缺少的资料。图 6-2 给出了铸铁、铸钢和硅钢 3 种常用铁磁物质的磁化曲线。

铁磁物质的 B 和 H 之间呈非线性关系，而非铁磁物质的 B 和 H 之间呈线性关系。真空和空气的磁导率 μ_0 是常数：

$$\mu_0 = 4\pi \times 10^{-7} \mathrm{H/m}$$

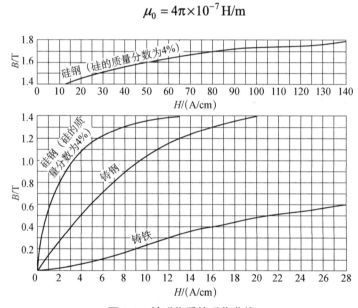

图 6-2　铁磁物质的磁化曲线

所有非铁磁物质的磁导率都比铁磁物质的磁导率小得多，而且都近似等于 μ_0，因此铁磁物质也称为高导磁性物质。

铁磁物质之所以具有高的导磁特性，是由它们的内部结构所决定的。常用的铁磁物质除前面提到的铸铁、铸钢、硅钢以外，还有铁氧体、碳钢、钴钢和铁镍铝钴合金等。

6.1.4 磁路与电路的比较

磁路与电路有许多相似之处，为便于类比学习，表 6-1 中列出了相对应的物理量和关系式。

表 6-1 磁路与电路的对应关系

分 类	磁 路	电 路
典型结构		
对应的物理量	磁动势 F 磁压降 HI 磁通 Φ 磁感应强度 B 磁阻 R_m 磁导率 μ	电动势 E（或电源电压 U_s） 电压 U 电流 I 电源密度 J 电阻 R 电导率 γ
对应的关系式	磁阻 $R_m = \dfrac{l}{\mu S}$ 磁路的欧姆定律 $\Phi = \dfrac{F}{R_m}$ 磁路的基尔霍夫第二定律 $\sum HI = \sum I$	电阻 $R = \dfrac{l}{\gamma S}$ 电路的欧姆定律 $I = \dfrac{E}{R}$（或 $I = \dfrac{U_s}{R}$） 电路的基尔霍夫第二定律 $\sum IR = \sum E$ （或 $\sum IR = \sum U_s$）

磁路和电路之间还有着本质的区别。

①电流表示带电质点的运动，当带电质点在导体中运动时，电场力对带电质点做功而消耗能量，其功率损失为 RI^2；磁通并不代表某种质点的运动，$R_m\Phi^2$ 也不代表功率损失。

②自然界中存在良好的电绝缘材料，但尚未发现磁通绝缘材料。空气的磁导率几乎是最小的，因此磁路没有断路情况，但有漏磁现象。

6.1.5 磁路的计算

首先对磁的单位做一个小结。常用磁物理量及其国际单位制单位如表 6-2 所示。

表 6-2 常用磁物理量及其国际单位制单位

物理量	物理量符号	单位	单位符号	物理量	物理量符号	单位	单位符号
磁通	Φ	韦［伯］	Wb	磁感应强度	B	特［斯拉］	T
磁压降	HI	安	A	磁场强度	H	安/米	A/m
磁动势	F	安	A	磁导率	μ	亨/米	H/m
磁阻	R_m	1/亨	1/H				

电磁单位之间常用的换算关系为

$$1\text{Wb}\,e(/)10^8\text{Mx}（麦克斯韦）$$

$$1\text{T}\,e(/)10\text{Gs}（高斯）$$

$$1\text{A/m}\,e(/)4\pi\times10^{-3}\text{Oe}（奥斯特）$$

式中，$e(/)$ 应读成"相当于"，因为 $e(/)$ 左右两边的量纲是不同的。

磁路的计算分为两种类型：一种是由已知磁路中的磁通或磁感应强度求磁路的磁动势；另一种是由已知的磁动势求磁路中的磁通或磁感应强度。由于磁路的非线性，后一类问题无法直接求解，常采用试探法：假定磁通为某一数值，求出相应的磁动势，与已知的磁动势比较，根据其差额重新假定一个磁通值，如此反复多次，即可求出磁通或磁感应强度。

例6.1 已知如图 6-3 所示线圈的铁芯由铸钢制成。其中铁芯的横截面积 S_1=20cm²，平均长度 l_1=45cm，衔铁的横截面积 S_2=25cm²，平均长度 l_2=15cm，l_3=2cm，空气隙厚度 δ=0.1cm。现要产生 Φ=2.8×10⁻³Wb 的磁通，若励磁电流为直流电流，求所需的磁动势 F。

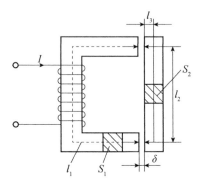

图 6-3　例 6.1 用图

解：第一步，求磁感应强度，即

$$B_1 = \frac{\Phi}{S_1} = \frac{2.8 \times 10^{-3}}{20 \times 10^{-4}} \text{T} = 1.4\text{T}$$

$$B_2 = \frac{\Phi}{S_2} = \frac{2.8 \times 10^{-3}}{25 \times 10^{-4}} \text{T} = 1.12\text{T}$$

$$B_0 = B_1 = 1.4\text{T}$$

第二步，根据 B_1、B_2，查铸钢的磁化曲线，找出相应的磁场强度值 H_1、H_2，得

$$H_1 = 2.1 \times 10^3 \text{A/m}$$

$$H_2 = 1.1 \times 10^3 \text{A/m}$$

空气隙的磁场强度 H_0 为

$$H_0 = \frac{B_0}{\mu_0} = \frac{1.4}{4\pi \times 10^{-7}} \approx 11.14 \times 10^5 \text{A/m}$$

第三步，计算各段磁路的磁压降。

$$H_1 l_1 = 2.1 \times 10^3 \times 0.45 = 0.945 \times 10^3 \text{A}$$

$$H_2 l_2 = 1.1 \times 10^3 \times 0.15 = 0.165 \times 10^3 \text{A}$$

$$2H_2 l_3 = 2 \times 1.1 \times 10^3 \times 0.02 = 0.044 \times 10^3 \text{A}$$

$$2H_0 \delta = 2 \times 11.14 \times 10^5 \times 0.001 = 2.228 \times 10^3 \text{A}$$

第四步，求出总的磁动势。

$$\begin{aligned}
F = IN = \sum Hl &= H_1 l_1 + H_2 l_2 + 2H_0 \delta + 2H_2 l_3 \\
&= (0.945 + 0.165 + 2.228 + 0.044) \times 10^3 \\
&= 3.382 \times 10^3 \text{A}
\end{aligned}$$

由本例的计算可以看出，空气隙虽然只占磁路总平均长度的 $\dfrac{0.2}{45+15+4+0.2} \times 100\% \approx 0.31\%$，但是它的磁压降却占了磁动势的 $\dfrac{2.228}{3.382} \times 100\% \approx 65.9\%$，即磁动势主要用来克服空气隙的磁

阻。所以在对磁路进行粗略计算时，有时可以根据空气隙的磁压降来估算磁动势。

6.2 直流铁芯线圈

直流铁芯线圈的励磁电流是恒定电流，大小和方向都不随时间变化，产生的磁通是恒定的。直流铁芯线圈的铁芯多用整块的铸铁、铸钢等制成。

直流铁芯线圈的原理图如图 6-4 所示。当励磁线圈通电时，衔铁因受到电磁吸力的作用处于吸合状态；当励磁线圈断电时，衔铁因受到外力作用处于释放状态。前一种工作状态，磁路中不存在空气隙；后一种工作状态，磁路中存在空气隙。那么在不同情况下，线圈中的电流与铁芯中的磁通之间的关系是怎样的呢？

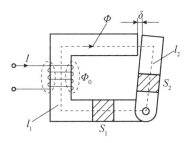

图 6-4 直流铁芯线圈的原理图

由于直流铁芯线圈中的磁通量没有发生变化，因此在线圈中均不会产生感应电流。当线圈上所加的电压为 U、励磁线圈的电阻为 R 时，励磁电流为

$$I = \frac{U}{R}$$

即若不考虑吸合过程，只就稳定运行情况进行分析，可以认为衔铁吸合前和吸合后电流不会发生变化，与没有铁芯完全一样，并且符合欧姆定律。

线圈中的直流电流 I 产生磁动势 $F=IN$，因而产生了磁通。经过全部铁芯且磁路闭合的磁通，叫作主磁通，用 Φ 表示；其余很小一部分磁通穿过部分铁芯经空气（或其他非铁磁物质）而闭合，叫作漏磁通，用 Φ_0 表示，如图 6-4 所示。漏磁通由于穿过了较长的非铁磁物质，磁阻很大，所以较主磁通小得多，在分析与计算时往往可以忽略不计。

对如图 6-4 所示的磁路，当空气隙存在时，磁路的欧姆定律可写为（忽略漏磁通 Φ_0 ）

$$\Phi = \frac{IN}{R_{\mathrm{m}} + R_0} \tag{6-7}$$

式中，R_{m} 为铁芯部分的磁阻，由于是铁磁材料，磁阻值往往较小；R_0 为空气隙部分的磁阻，$R_0 = \dfrac{\delta}{\mu_0 S_1}$，其中 δ 为空气隙厚度，尽管 δ 较小，但 R_0 仍然较大，甚至占主导地位。

在铁芯吸合前、后的稳定运行情况下，由于磁动势 IN 不变，而磁路磁阻由 $R_{\mathrm{m}}+R_0$ 变成 R_{m}，减小了许多，所以吸合后的主磁通将增大许多。在吸合过程中，由于主磁通 Φ 增大，线圈中将产生阻碍 Φ 增大的感应电动势，线圈电流 I 是变量且比稳态值要小。过渡过程结束后，Φ 达到新的稳态值，I 不再变化而恢复为原先的大小。

6.3 交流铁芯线圈

6.3.1 交流铁芯线圈磁通

掌握交流铁芯线圈的电磁关系是分析交流电器、变压器和交流电动机等的理论基础。如图 6-5 所示，线圈中产生了交变电流 i 及相应的磁动势 iN。和直流磁动势一样，交变的磁动势 iN 也要产生两种磁通，即主磁通 Φ 和漏磁通 Φ_0，但它们都是交变的。两种交变磁通在线圈中又分别产生了交变电动势 e 和 e_0。上述关系可用公式表述为

$$e_0 = -N\frac{\mathrm{d}\Phi_0}{\mathrm{d}t} = -L_0\frac{\mathrm{d}i}{\mathrm{d}t}$$

$$e = -N\frac{\mathrm{d}\Phi}{\mathrm{d}t}$$

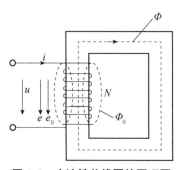

图 6-5 交流铁芯线圈的原理图

图 6-5 中的 e、e_0 与磁通的参考方向符合右手螺旋定则。根据 KVL 列出交流铁芯线圈的电压方程，即

$$u = -e - e_0 + Ri \tag{6-8}$$

漏感电动势 e_0 和漏磁通 Φ_0 的大小和性质主要由空气的磁阻来决定，因此其与电流之间呈线性关系。根据自感系数 L 的定义，有

$$L_0 = \frac{N\Phi_0}{i} \tag{6-9}$$

式中，L_0 为漏感系数，简称漏感，它的性质和交流电路中的纯电感是一样的。因此有

$$e_0 = -N\frac{\mathrm{d}\Phi_0}{\mathrm{d}t} = -L_0\frac{\mathrm{d}i}{\mathrm{d}t} \tag{6-10}$$

将式（6-10）和 $e = -N\dfrac{\mathrm{d}\Phi}{\mathrm{d}t}$ 代入式（6-8），得

$$u = N\frac{\mathrm{d}\Phi}{\mathrm{d}t} + L_0\frac{\mathrm{d}i}{\mathrm{d}t} + Ri \tag{6-11}$$

这里，由于铁芯的非线性，主磁通 Φ 和电流 i 之间不是线性关系，对应的电感参数 L_0 是非线性的，因此 e 只能表示成 $e = -N\dfrac{\mathrm{d}\Phi}{\mathrm{d}t}$

式（6-8）也可写成相量形式，即

$$\dot{U} = -\dot{E} - \dot{E}_0 + R\dot{I} = -\dot{E} + \mathrm{j}X_0\dot{I} + R\dot{I} \tag{6-12}$$

式中，X_0 为线圈的漏感抗，有

$$X_0 = \omega L_0 \tag{6-13}$$

通常，线圈电阻的压降 Ri 和漏感电动势 e_0 均很小，往往可以忽略不计，这时式（6-8）又可近似地写为

$$u \approx -e = N\frac{\mathrm{d}\Phi}{\mathrm{d}t} \tag{6-14}$$

假定磁通是时间的正弦函数，有

$$\Phi = \Phi_\mathrm{m}\sin\omega t$$

则

$$e = -N\frac{\mathrm{d}\Phi}{\mathrm{d}t} = -\omega N\Phi_\mathrm{m}\cos\omega t = 2\pi f N\Phi_\mathrm{m}\sin\left(\omega t - 90°\right) \tag{6-15}$$
$$= E_\mathrm{m}\sin\left(\omega t - 90°\right) = 2E\sin\left(\omega t - 90°\right)$$

$$E_\mathrm{m} = 2\pi f N\Phi_\mathrm{m} \tag{6-16}$$

$$U \approx E = \frac{E_\mathrm{m}}{2} = 4.44 f N\Phi_\mathrm{m} \tag{6-17}$$

式（6-17）是一个常用的公式，它表示当线圈匝数 N 及电源频率 f 一定时，主磁通 Φ_m 的大小只取决于外施电压的有效值 U。

例 6.2　荧光灯的镇流器中有一个交流铁芯线圈，测得某荧光灯镇流器的线圈电压是 192V，线圈匝数为 1000，求主磁通 Φ_m。

解：根据式（6-17）并考虑到荧光灯都是用在工频电源上的，即 f=50Hz，可求得主磁通为

$$\Phi_\mathrm{m} = \frac{U}{4.44 f N} = \frac{192}{4.44 \times 50 \times 1000} \approx 8.65 \times 10^{-4}\,\mathrm{Wb}$$

例 6.3　若例 6.2 中镇流器铁芯的横截面积为 7cm²，平均长度为 20cm，铁芯由硅钢片叠成，求磁感应强度 B_m 和励磁电流 I。

解：铁芯中磁感应强度的最大值为

$$B_\mathrm{m} = \frac{\Phi_\mathrm{m}}{S} = \frac{8.65 \times 10^{-4}}{7 \times 10^{-4}} \approx 1.24\mathrm{T}$$

查硅钢片的磁化曲线得

$$H_\mathrm{m} = 0.6 \times 10^3\,\mathrm{A/m}$$

因此，铁芯中的磁压降为

$$H_\mathrm{m}l = 0.6 \times 10^3 \times 20 \times 10^{-2} = 120\mathrm{A}$$

根据全电流定律可得，励磁电流的有效值为

$$I = \frac{H_\mathrm{m}l}{2N} = \frac{120}{2 \times 1000} = 0.06\mathrm{A}$$

6.3.2　交流铁芯中的能量损失

当对无铁芯的线圈加交流电压时，输入功率只供给线圈电阻，功率损耗了 $I^2 R_\mathrm{Cu}$，通常称为铜损，写作 P_Cu，它与 I^2 成正比，R_Cu 是铜损等效电阻。当对有铁芯的线圈加交流电压时，输入功率除供给铜损，还要供给铁芯中所产生的涡流损耗和磁滞损耗，两者合称铁损，写作 P_Fe。

1. 涡流引起的能量损失

当交流磁通通过铁芯时,不仅会在线圈中产生感应电动势,还会在铁芯内产生感应电动势,因为铁芯是导体,所以其中会出现旋涡式的电流,称为电涡流,简称涡流,如图 6-6 所示,它在垂直于磁通方向的平面内环流着。涡流将引起铁芯发热,此即涡流损失。

为了减小涡流损失,希望增大铁芯电阻,主要有两个途径。

(1)铁芯采用彼此绝缘的硅钢片叠成,如图 6-7 所示,注意硅钢片要顺磁场的方向排列。这样穿过每片硅钢片的磁通是总磁通的 $1/n$(n 是硅钢片片数),它感应的电动势也是原来的 $1/n$,而磁路的长度大约仅减小为原来的 1/2,因此涡流会显著减小。工业上常用的硅钢片厚度有 0.5mm 和 0.35mm 两种。

(2)采用电阻率高的铁芯,如铁氧体、硅钢等。

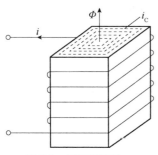

图 6-6 涡流的产生

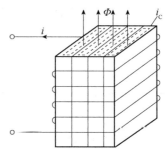

图 6-7 用硅钢片叠成的铁芯限制涡流

涡流会在电机、电器、变压器等电磁器件中消耗能量、导致器件发热,因而是有害的。但在有些场合,如感应加热装置、涡流探伤仪等仪器设备中,又是以涡流效应为基础的。

2. 磁滞引起的能量损失

磁滞也是铁磁物质的重要性质之一。前面讨论的磁化曲线是铁磁物质在初始时由 $B=0$、$H=0$ 逐渐增大得到的(图 6-8 中的 Oa 段)。如果从 a 点开始减小 H 值,这时铁磁物质的磁化曲线并非按原曲线 aO 退回,而是沿着在它上面的另一曲线 ab 变化,如图 6-8 所示。当 $H=0$ 时,B 并不为零,而等于 B_r,即它仍保留一定的磁性,B_r 称为剩磁。为了消除剩磁,必须外加反向磁场。当反向磁场 $H=H_c$ 时,$B=0$,其中 H_c 称为矫顽力。若增大反向磁场,则铁磁物质沿 cd 曲线反向磁化。到达 d 点后如果减小反向磁场一直到 H 为正,则铁磁物质将沿 $defa$ 曲线磁化,完成一个循环。由此可见,B 的变化总是滞后于 H 的变化,这称为磁滞现象,简称磁滞。图 6-8 中的闭合磁化曲线,称磁滞回线。

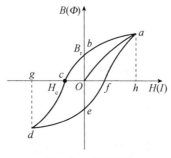

图 6-8 磁滞回线

磁性材料根据磁滞回线的宽窄不同可分为软磁性材料和硬磁性材料两种。软磁性材料的特点是磁滞回线较窄，如图 6-9（a）所示，磁导率高，具有较小的矫顽力，剩磁也略小，故其磁滞现象不很显著，适宜做交流铁磁器件的铁芯。常用的软磁性材料有硅钢、铁氧体等。

硬磁性材料的特点是磁滞回线较宽，如图 6-9（b）所示，具有较大的矫顽力，剩磁也较大，磁滞现象比较显著，适宜做成永久磁铁。目前常用的硬磁性材料有铝镍钴、稀土钴、硬磁铁氧体等。

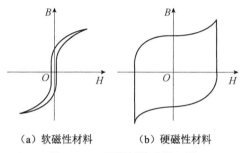

（a）软磁性材料　　　（b）硬磁性材料

图 6-9　不同材料的磁滞回线

3. 线圈等效电阻

综上所述，在交流铁芯线圈中加入励磁电流后，线圈本身要产生铜损，而铁芯中要产生铁损，直接损失了磁场能，间接损失了电能。因此，从能量的观点考虑，线圈等效电阻应该是两部分之和，即

$$R = R_{Cu} + R_{Fe} \tag{6-18}$$

式中，R 为线圈等效电阻；R_{Cu} 为铜损等效电阻；R_{Fe} 为铁损等效电阻。

6.4　变压器

在交流铁芯线圈的铁芯上再绕上一个（或多个）线圈（又称绕组），就构成了变压器。变压器具有变换电压、变换电流和变换阻抗功能，它是基于电磁感应原理制成的静止的电磁装置。

在输电系统中，当输送电的功率及负载的功率因数 $\cos\varphi$ 一定时，根据 $P = 3UI\cos\varphi$ 可知，输电电压 U 越高，电流 I 就越小。电流小可以减小输电导线的横截面积，从而节省有色金属，并且能降低线路上的功率损耗。因此，电力系统都采用高电压输电，而且输电的距离越远，电压的等级就越高。例如，葛洲坝至常德、株洲的输电线路输送的就是 500kV 的超高压。但交流发电机的出口电压一般不能太高，这就需要用变压器来升高电压。为安全考虑，用电设备必须使用低电压，如 380V、220V，甚至 36V、24V 等，因此还必须将输送过来的高压电转换成低压电以供给电力用户，这又要用变压器来降低电压。为了测量交流高电压、大电流，要使用电压互感器和电流互感器，即仪用变压器。在电子线路中，变压器除可用于电源变压以外，还可用于耦合元件传递信号，以及实现阻抗匹配。此外，还有一些其他专用变压器或特种变压器，如自耦变压器、电焊变压器、电炉变压器等。总之，变压器既能传输能量，又能传递信息，其种类繁多，应用也很广泛，是一种常见的电磁装置。

6.4.1 变压器的构造

变压器按相数可分为单相变压器、三相变压器和多相变压器，按结构可分为芯式变压器和壳式变压器。单相芯式变压器和单相壳式变压器分别如图 6-10 和图 6-11 所示。变压器主要由铁芯和绕组两大部分构成。变压器的构造原理和表示符号分别如图 6-12 和图 6-13 所示。变压器接电源侧的绕组，称为一次绕组，接负载侧的绕组称为二次绕组。工频电源变压器的铁芯通常用硅钢片叠成，而工作于较高频率下变压器的铁芯通常采用铁氧体等制作而成。铁芯、一次绕组和二次绕组之间都是相互绝缘的。

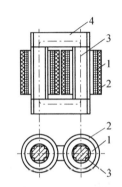

1—低压绕组；2—高压绕组；3—铁芯；4—磁组。

图 6-10　单相芯式变压器

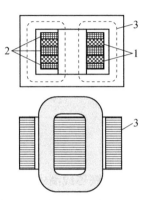

1—低压绕组；2—高压绕组；3—铁芯。

图 6-11　单相壳式变压器

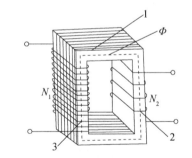

1—硅钢片铁芯；2—低压绕组；3—高压绕组。

图 6-12　变压器的构造原理

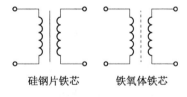

硅钢片铁芯　　　　铁氧体铁芯

图 6-13　变压器的表示符号

6.4.2　变压器的工作原理

1. 变压器的空载运行

首先分析变压器的空载运行情况。变压器二次绕组未接负载的运行状态叫作变压器的空载运行状态，如图 6-14 所示。

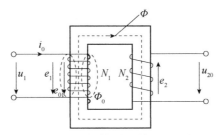

图 6-14　变压器的空载运行状态

空载运行状态下变压器的二次绕组不通电流，对一次绕组的工作状态没有任何影响，因此一次绕组中各物理量的情况及它们之间的关系与交流铁芯线圈完全一样。一次线圈电路的 KVL 方程为

$$u_1 = -e_1 + R_1 i_0 + L_{01} \frac{\mathrm{d}i_0}{\mathrm{d}t} \tag{6-19}$$

其相量形式是

$$\dot{U}_1 = -\dot{E}_1 + R_1 \dot{I}_0 + \mathrm{j}X_{01} \dot{I}_0 \tag{6-20}$$

式中，u_1、$\dot{U}_1$ 为电源电压；i_0、$\dot{I}_0$ 为空载运行状态下的一次电流；R_1 为一次绕组的等效电阻；L_{01} 为一次绕组的漏电感；X_{01} 为一次绕组的漏感抗，$X_{01} = \omega L_{01}$。同样，当忽略 $R_1 \dot{I}_0 + \mathrm{j}X_{01} \dot{I}_0$ 时，有

$$\dot{U}_1 \approx -\dot{E}_1$$

从而有

$$U_1 \approx -E_1 = 4.44 f N_1 \Phi_{\mathrm{m}} \tag{6-21}$$

式中，N_1 为一次绕组的线圈匝数。

主磁通不仅穿过一次绕组，还穿过二次绕组，并引起感应电动势，即

$$e_2 = -N_2 \frac{\mathrm{d}\Phi}{\mathrm{d}t} \tag{6-22}$$

同样有

$$E_2 = 4.44 f N_2 \Phi_{\mathrm{m}} \tag{6-23}$$

式中，N_2 为二次绕组的匝数。

二次绕组的感应电动势等于二次侧的开路电压，即

$$\dot{U}_{20} = \dot{E}_2 \tag{6-24}$$

变压器在空载运行状态下有

$$\frac{U_1}{U_{20}} \approx \frac{E_1}{E_2} = \frac{N_1}{N_2} = K_{\mathrm{u}} \tag{6-25}$$

即电压之比近似地等于线圈匝数之比，由此可见变压器能够变换电压。式中，K_{u} 称为变压比。

2. 变压器的负载运行

变压器二次绕组接上负载的运行状态叫作变压器的负载运行状态，如图 6-15 所示。

接上负载后二次绕组中就有电流 i_2 通过并流向负载。i_2 的出现会在二次绕组中产生电阻压降 $R_2 i_2$ 及漏磁通 Φ_{02}，并引起二次侧漏感电动势 e_{02}。如果用 L_{02} 表示二次绕组的漏电感，用 X_{02} 表示二次绕组的漏感抗，则二次侧各物理量之间的关系可由电压平衡方程表示为

$$u_2 = e_2 + e_{02} - R_2 i_2 \qquad (6\text{-}26)$$

或

$$\dot{U}_2 = \dot{E}_2 - R_2 \dot{I}_2 - jX_{02}\dot{I}_2 \qquad (6\text{-}27)$$

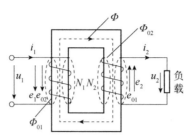

图 6-15　变压器的负载运行状态

电流 i_2 要产生既穿过二次绕组，又穿过一次绕组的磁通，并在一次绕组中产生感应电动势，这就破坏了一次绕组原来的电压平衡状态，从而使一次电流也要发生变化。但我们知道，当电源电压不变时，铁芯中的主磁通 $\boldsymbol{\Phi}_{\mathrm{m}}$ 大小基本不变，那么产生该磁通的磁动势也就应该保持恒定。所以，二次侧出现电流后，一次电流也必然发生变化，使得它们的合成总磁动势仍保持空载运行状态下的数值，这就是磁动势平衡方程，即

$$\dot{I}_1 N_1 + \dot{I}_2 N_2 = \dot{I}_0 N_1 \qquad (6\text{-}28)$$

式（6-28）可理解为，当变压器负载运行时，一次绕组电流所产生的磁动势 $\dot{I}_1 N_1$ 可以分解成两部分：一部分用来产生主磁通的磁动势 $\dot{I}_0 N_1$；另一部分用来补偿 $\dot{I}_2 N_2$。

一次电流既然已从 $\dot{I}_0$ 变化到 $\dot{I}_1$，电压平衡方程式也应改为

$$\dot{U}_1 = -\dot{E}_1 + R_1 \dot{I}_1 + jX_{01}\dot{I}_1 \qquad (6\text{-}29)$$

式（6-27）、式（6-28）和式（6-29）是用来描述变压器运行情况的三个基本方程。

为了区分 R_1、X_{01}、R_2、X_{02}，将其集中画在绕组之外并和绕组串联起来，如图 6-16 所示。这时不考虑 R_1、X_{01}、R_2、X_{02} 的部分就叫作理想变压器。

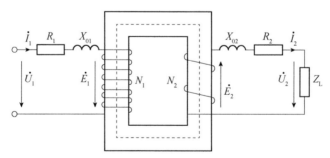

图 6-16　参数集中化的变压器

3. 变压器的功能

（1）变压器有变换电压的功能。在讲变压器的空载运行时，我们给出了：

$$\frac{U_1}{U_{20}} \approx \frac{E_1}{E_2} = \frac{N_1}{N_2} = K_{\mathrm{u}}$$

这说明，一次绕组与二次绕组的电压之比近似地等于其匝数之比。实际上当变压器正常

负载运行时，由于 $R_1\dot{I}_1+\mathrm{j}\dot{I}_1X_{01}$ 在 U_1 中所占的比重和 $R_2\dot{I}_2+\mathrm{j}\dot{I}_2X_{02}$ 在 U_2 中所占的比重都很小，可以忽略，因此

$$\frac{U_1}{U_{20}}\approx\frac{E_1}{E_2}=\frac{N_1}{N_2}=K_\mathrm{u} \tag{6-30}$$

仍然成立，即电压之比近似地等于匝数之比，这就是变压器变换电压的功能。

（2）变压器有变换电流的功能。理论和实践证明，磁动势平衡方程中的 $\dot{I}_0N_1$ 通常比 $\dot{I}_1N_1$ 小得多，空载电流 $\dot{I}_0$ 往往是正常负载电流 $\dot{I}_1$ 的百分之几。因此，当变压器正常负载运行时，$\dot{I}_0N_1$ 可以忽略，从而有

$$\dot{I}_1N_1\approx-\dot{I}_2N_2$$

当只考虑电流的大小时有

$$\frac{I_1}{I_2}\approx\frac{N_2}{N_1}=\frac{1}{K_\mathrm{u}} \tag{6-31}$$

即一次绕组、二次绕组中电流之比等于其匝数的反比，这就是变压器变换电流的功能。

（3）变压器有变换阻抗的功能。当把阻抗为 Z_L 的负载接到变压器的二次侧时（见图6-17），有

$$|Z_\mathrm{L}|=\frac{U_2}{I_2}$$

对电源来讲，输入端子的右部可以看成一个二端网络，它应该具有的等效阻抗为

$$|Z_\mathrm{L}'|=\frac{U_1}{I_1}\approx\frac{U_2K_\mathrm{u}}{I_2/K_\mathrm{u}}=K_\mathrm{u}^2\frac{U_2}{I_2}$$

即

$$|Z_\mathrm{L}'|=K_\mathrm{u}^2|Z_\mathrm{L}| \tag{6-32}$$

式中，Z_L' 为负载阻抗 Z_L 在一次侧的等效阻抗，它等于实际负载阻抗 Z_L 的 K_u^2 倍。根据变压器的这一功能，电子线路中常用变压器作为阻抗变换器。

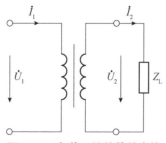

图 6-17　负载阻抗的等效变换

例 6.4　有一台降压变压器，一次电压 $U_1=380\mathrm{V}$，二次电压 $U_2=36\mathrm{V}$，如果接入一个36V、60W 的白炽灯，求：（1）一次电流、二次电流各是多少；（2）这相当于在一次侧接上一个多少欧的电阻。

解：（1）白炽灯可看成纯电阻，功率因数为1，因此二次电流为

$$I_2=\frac{P}{U_2}=\frac{60}{36}\approx1.67\mathrm{A}$$

由于变压比为

$$K_u = \frac{U_1}{U_2} = \frac{380}{36} \approx 10.56$$

所以可求得一次电流为

$$I_1 = \frac{I_2}{K_u} = \frac{1.67}{10.56} \approx 0.158\text{A}$$

（2）白炽灯的电阻为

$$R_L = \frac{U_2^2}{P} = \frac{36^2}{60} = 21.6\Omega$$

所以可求得一次侧的等效电阻为

$$R_L' = K_u^2 R_L \approx 2407\Omega$$

或

$$R_L' = \frac{U_1}{I_1} \approx 2407\Omega$$

6.4.3　变压器的外特性与额定值

1. 外特性

在电源电压不变的情况下，变压器二次侧接入负载后，一次侧、二次侧都有电流通过，并且必然产生一次侧、二次侧的内阻抗电压降，从而使二次电压随负载的增减而变化。二次电压变化情况 $U_2 = f(I_2)$ 称为变压器的外特性。一般情况下，这个外特性曲线近似为一条稍微向下倾斜的直线（见图 6-18）且下降的倾斜度与负载的功率因数有关，功率因数（感性）越低，下降的倾斜度越大。从空载到满载（二次电流达到其额定值 I_{2N}）二次电压变化的数值与空载电压的比值称为电压调整率，用公式表示为

$$\Delta U = \frac{U_{20} - U_2}{U_{20}} \times 100\% \qquad (6\text{-}33)$$

电力变压器的电压调整率一般为 2%～3%。

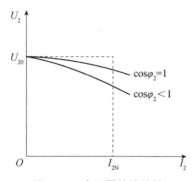

图 6-18　变压器的外特性

2. 额定值

为了正确、合理地使用变压器，除应当知道其外特性以外，还应当知道其额定值，根据其

额定值正确使用是保证变压器能正常工作和使用寿命长的基础。电力变压器的额定值通常在其铭牌上给出。变压器的额定值有以下几种。

（1）一次额定电压 U_{1N}，是指正常情况下一次绕组上应当施加的电压。

（2）一次额定电流 I_{1N}，是指在一次额定电压 U_{1N} 作用下一次绕组允许长期通过的最大电流。

（3）二次额定电压 U_{2N}，是指一次额定电压 U_{1N} 下的二次空载电压。

（4）二次额定电流 I_{2N}，是指在一次额定电压 U_{1N} 作用下二次绕组允许长期通过的最大电流。

（5）额定容量 S_N，是指输出的额定视在功率，其公式为

$$S_N = U_{2N} I_{2N}$$

（6）额定频率 f_N，是指电源的工作频率。我国的标准工作频率是 50Hz。

6.4.4　变压器的损耗与效率

变压器的损耗有铜损和铁损两种。铜损是由一次绕组、二次绕组中通过电流产生的，即

$$\Delta P_{Cu} = I_1^2 R_1 + I_2^2 R_2 \tag{6-34}$$

由于电流的大小和负载有关，负载变化时铜损的大小也要相应变化，因此铜损又称为可变损耗。

铁损是磁滞损耗 ΔP_h 和涡流损耗 ΔP_e 之和，即

$$\Delta P_{Fe} = \Delta P_h + \Delta P_e \tag{6-35}$$

变压器一次电压的有效值大小是不变的，因此主磁通的大小也不变，从而铁损也基本不变，所以铁损又称为不变损耗。

变压器的效率是输出功率 P_2 和输入功率 P_1 的比值的百分数，显然变压器的效率应为

$$\eta = \frac{P_2}{P_1} \times 100\% = \frac{P_2}{P_2 + \Delta P_{Cu} + \Delta P_{Fe}} \times 100\% \tag{6-36}$$

通常在满载的 80% 左右时变压器的效率最高，大型电力变压器的效率可高达 98%～99%。

6.4.5　变压器绕组的极性及其测定

在使用变压器时，绕组必须连接正确，否则变压器不仅不能正常工作，还有可能损坏。

1. 绕组的极性与正确接线

下面以图 6-19 为例来说明绕组的极性与正确连线问题。图 6-19 中 1、2 和 3、4 为一次绕组，5、6 和 7、8 为二次绕组，各绕组的额定电压值标示在图 6-19 中。现在我们要知道的是，当电源电压为 110V 时，一次绕组应当怎样连接；当电源电压为 220V 时，一次绕组又应当怎样连接；若二次侧欲获得 12V 或 6V 的输出电压，二次绕组又应当怎样连接。

当电源电压为 220V 时，应将 2、3（或 1、4）两端连接起来，而将电源接在 1、4（或 2、3）两端。当电源电压为 110V 时，应将 1、3 端和 2、4 端分别连接起来作为与电源连接的两端。如果想得到 3V 或 9V 的输出电压，只要把两个二次绕组的出线端分别引向负载即可。如果负载需要 12V 的电压，可将 6、8（或 5、7）两端连接起来而从 5、7（或 6、8）两个

端子输出。当把 6、7（或 5、8）两端连接起来而从 5、8（或 6、7）两端输出时，输出电压就是 6V。

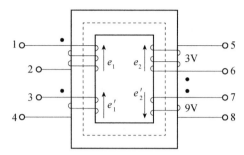

图 6-19　多绕组变压器

如果将 1、3（或 2、4）两端连接起来，将电源加在 2、4（或 1、3）两端，由于两个一次绕组电流在铁芯中产生的磁通方向相反，相互抵消，线圈中将没有感应电动势产生。这时一次绕组中的电流将会很大，有可能被烧坏，这是不允许的。同理，将 1、4 端和 2、3 端分别连接起来作为与电源的接线端也是不允许的。

为了能正确接线，变压器线圈上都标有称为同极性端的记号"·"或"＊"。例如，图 6-19 中的 1、3、6、7 端就是同极性端，当然，2、4、5、8 端也是同极性端。所谓同极性端，是指铁芯中的磁通所感应的电动势在该端有相同的极性。当电流从同极性端流入（或流出）时，在铁芯中产生的磁通方向相同。

图 6-19 可以简化成图 6-20，这时只要知道同极性端就可以正确连线而不必知道绕组内部的绕法。

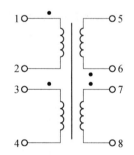

图 6-20　图 6-19 的简化画法

2. 极性的测定方法

如果同极性端的记号已辨认不清或消失，那么应该怎么办呢？

首先用万用表的欧姆挡确认出哪两个出线端是属于同一绕组的，然后辨认不同绕组的同极性端。这里仅介绍一种直流测定法。通过一个开关将直流电源（如干电池）接在任一个绕组上，如接在 1、2 端对应的绕组上。如果电源的正极和 1 端相连，那么当开关 S 突然闭合时，其余绕组感应电压为正的那一端就和 1 端是同极性端。

6.4.6 其他类型的变压器

除用于传输能量的电力变压器之外，还有仪用电压互感器、仪用电流互感器、传递信号用的耦合变压器和脉冲变压器，以及控制用或实验室用的小功率变压器和自耦变压器等。下面对几种变压器进行简单介绍。

1. 三相变压器

电能的产生、传输和分配都是用三相制电路实现的，因此三相电压的变换在电力系统中占据着特殊且重要的地位。变换三相电压既可以用一台三铁芯柱式三相变压器完成，也可以用三台单相变压器组成的三相变压器组完成，后者用于大容量的变换场合。

三相芯式变压器的构造原理如图 6-21 所示，它由三根铁芯柱和三组高、低压绕组等组成。高压绕组的首端和末端分别用 A、B、C 和 X、Y、Z 表示，低压绕组的首端和末端分别用 a、b、c 和 x、y、z 表示。绕组的连接方法有多种，其中常用的有 Y / Y 和 Y /△，这里分子表示高压绕组的接法，分母表示低压绕组的接法，图 7-22 给出了这两种接法的接线情况。

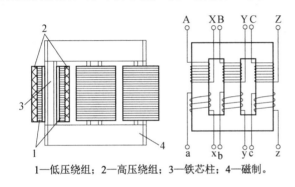

1—低压绕组；2—高压绕组；3—铁芯柱；4—磁制。

图 6-21 三相芯式变压器的构造原理

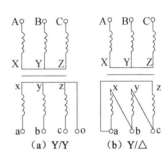

（a）Y/Y　　（b）Y/△

图 6-22 三相变压器绕组的连接

2. 自耦变压器

自耦变压器只有一个绕组，二次绕组是一次绕组的一部分，因此它的特点是一次绕组、二次绕组之间不仅有磁的联系，电的方面也是连通的。

自耦变压器分为可调式和固定抽头式两种。实验室中常用的一种可调式自耦变压器如图 6-23 所示，其工作原理与双绕组变压器相同，可调式自耦变压器的电路原理图如图 6-24 所示。分接头 a 做成能用手柄操作自由滑动的触头，从而可平滑地调节二次电压，所以这种变压器又称为自耦调压器。当一次侧加上电压 U_1 时，二次侧可得电压 U_2，有

$$\frac{U_1}{U_2} \approx \frac{N_1}{N_2} = K_u$$

同样有

$$\frac{I_1}{I_2} \approx \frac{N_2}{N_1} = \frac{1}{K_u}$$

和具有两个绕组的变压器相比，可调式自耦变压器节约了一个二次绕组，但是由于一次绕组、二次绕组之间有直接的电联系，所以不够安全。

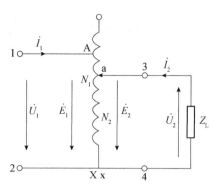

图 6-23　实验室中常用的一种可调式自耦变压器　　　　图 6-24　可调式自耦变压器的电路原理图

2. 电流互感器

电流互感器用于测量交流大电流或交流高电压下的电流，它是根据变压器的变流原理制成的，即

$$I_1 = \frac{N_2}{N_1} I_2 = K_i I_2 \qquad\qquad （6-37）$$

式中，K_i 称为电流比，$K_i = \dfrac{1}{K_u}$。知道了 K_i，测出 I_2 就可求得 I_1。电流互感器二次绕组使用的电流表的量程规定为 5A 或 1A。

电流互感器的接线图和符号图如图 6-25 所示。在使用电流互感器时切记二次绕组不得开路，否则会在二次侧产生过高的危险电压，为安全考虑，二次绕组的一端和铁壳都必须接地。

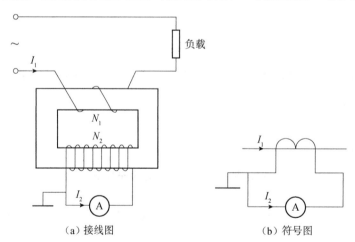

（a）接线图　　　　　　　　　　（b）符号图

图 6-25　电流互感器的连线图和符号图

6.5　电磁铁

铁芯线圈在通电后会产生磁性，能够吸引衔铁或其他铁磁性的机械零件、工件，当电流消失时，磁性也随之消失或减小，衔铁等被释放。电磁铁就是利用铁芯线圈的这一性能制成的。电磁铁通常是指没有电气触头的电磁器具，如果附有电气触头，作为整体叫作电磁继电器或接触器，而不叫电磁铁。但电磁铁仍是这些电磁器具的主要部件，所以研究电磁铁对以

电磁吸力为工作基础的电磁器具来说是有普遍意义的。

　　几种常见的电磁铁类型如图 6-26 所示。从结构上看，电磁铁主要由线圈、铁芯和衔铁三部分组成。电磁吸盘也是电磁铁的一种，它没有衔铁，构造也特殊一些，它可以吸住各种铁磁性零件、钢材或把获得磁性的工件固定在特定的位置上。

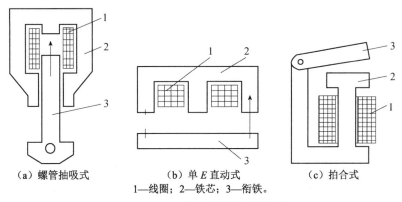

（a）螺管抽吸式　　　　（b）单 E 直动式　　　　（c）拍合式
1—线圈；2—铁芯；3—衔铁。

图 6-26　几种常见的电磁铁类型

　　电磁铁在实际生产中的应用是很广泛的。机床上的电磁离合器、液压或气动传动系统的电磁阀、电磁吸盘及电磁干簧继电器等都是基于电磁铁的吸力而工作的。

　　桥式起重机上大车的制动系统如图 6-27 所示，其中电磁铁的绕组是与电动机的定子绕组并联的。当接触器的动合触点 KM 接通时，电动机与电磁铁同时得电。电磁铁得电，衔铁被向上吸，制动瓦脱离制动轮，于是电动机便可以拖动大车正常工作。当电动机断电时，电磁铁也断电，在反力弹簧的作用下，制动瓦压紧在制动轮上，从而使电动机及其拖动的大车受到制动，而不会因惯性继续运行。

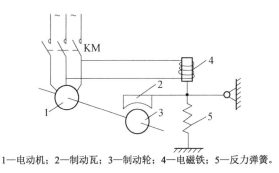

1—电动机；2—制动瓦；3—制动轮；4—电磁铁；5—反力弹簧。

图 6-27　桥式起重机上大车的制动系统

　　吸力是电磁铁的主要参数之一。计算电磁铁吸力的公式为

$$F = \frac{10^7}{8\pi} B_0^2 S_0 \tag{6-38}$$

式中，B_0、S_0 分别为空气隙（或螺管式电磁铁衔铁端面）的磁感应强度和横截面积，B_0 的单位是 T，S_0 的单位是 m^2。由此可见，电磁铁吸力的大小和空气隙处磁感应强度的平方成正比，为了增大吸力，应尽可能增大空气隙处的磁感应强度。

　　交流电磁铁的磁感应强度周期性交变，因此其吸力也是周期性变化的。设

$$B_0 = B_m \sin \omega t$$

则吸力为

$$F = \frac{10^7}{8\pi} B_m^2 \sin^2 \omega t = \frac{10^7}{8\pi} B_m^2 S_0 \frac{1 - \cos 2\omega t}{2}$$

$$= F_m \frac{1 - \cos 2\omega t}{2} = \frac{1}{2} F_m - \frac{1}{2} F_m \cos 2\omega t \qquad (6\text{-}39)$$

式中，F_m 为吸力的最大值，有

$$F_m = \frac{10^7}{8\pi} B_m^2 S_0 \qquad (6\text{-}40)$$

交流电磁铁的吸力随时间变化的情况如图 6-28 所示。由此可见，交流电磁铁的吸力以两倍于电源的频率在零与最大值 F_m 之间脉动。

脉动的吸力点间时通时断，不仅会造成机械磨损，而且会导致出现火花，使触点烧蚀损坏。解决的办法是把磁极端面分裂开并嵌入一个分磁环（又称短路环），如图 6-29 所示。分磁环一般是纯铜材质的，具有很好的导电性能。分磁环中的感应电流有阻碍磁通变化的作用，使穿过分磁环的磁通落后于 Φ_1 一个相位角，从而磁极各部分的吸力不会同时为零，总的吸力就没有经过零的时刻。这样，只要反力弹簧的反作用力不大于吸力的最小值，电磁铁就会一直保持吸合状态。

在使用交流电磁铁时要特别注意交流电磁铁线圈的感抗，在铁芯未闭合时感抗很小，电流会比吸合状态时大得多，长期通过大电流线圈会被烧坏。

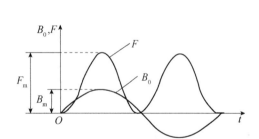

图 6-28　交流电磁铁的吸力随时间变化的情况

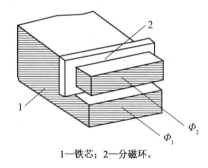

1—铁芯；2—分磁环。

图 6-29　嵌入分磁环

6.6　本章小结

（1）磁路是磁通集中通过的路径，它通常由磁性材料制成。磁性材料有硬磁性材料和软磁性材料之分，前者用于制造永久磁铁和直流励磁器件的铁芯，后者用于制造交流励磁器件的铁芯。

（2）磁路的欧姆定律 $\Phi = \dfrac{F}{R_m}$ 是分析磁路的基本定律之一。由于铁磁物质的磁阻 R_m 不是常数，因此该定律难以用来对磁路进行定量分析与计算，而只能进行定性分析和粗略估算。定量计算要应用全电流定律。

（3）直流铁芯线圈中电压和电流之间的关系和没有铁芯时一样，由 $U = RI$ 决定，铁芯中的磁通仍然取决于电流的大小。交流铁芯线圈的主磁通 $\Phi_{\mathrm{m}} = \dfrac{U}{4.44\,fN}$ 和电压 U 成正比，而电流的大小则和磁路的情况（如磁路尺寸、材料、工作状态、有无空气隙等）有关，电压与电流之间不是简单的欧姆定律关系。

（4）变压器是根据电磁感应原理制成的一种静止的电磁装置，它具有变换电压、变换电流、变换阻抗功能，其关系式分别为

$$\frac{U_1}{U_2} = K_{\mathrm{u}}, \quad \frac{I_2}{I_1} = K_{\mathrm{u}}, \quad Z'_L = K_{\mathrm{u}}^2 Z_L$$

式中，$K_{\mathrm{u}} = N_1 / N_2$，叫作匝数比或电压比。

（5）变压器的运行状态由 3 个基本方程决定，即

$$\dot{U}_1 = -\dot{E}_1 + R_1 \dot{I}_1 + \mathrm{j} X_{01} \dot{I}_1 \quad \text{（一次电压平衡方程）}$$

$$\dot{U}_2 = \dot{E}_2 - R_2 \dot{I}_2 - \mathrm{j} X_{02} \dot{I}_2 \quad \text{（二次电压平衡方程）}$$

$$\dot{I}_1 N_1 + \dot{I}_2 N_2 = \dot{I}_0 N_1 \quad \text{（磁动势平衡方程）}$$

（6）交流电磁铁的铁芯有两大特点：①铁芯是用硅钢片叠成的；②产生吸力的端面上有分磁环。

习题 6

习题 6-1　交流铁芯线圈误接到直流电源上会产生什么后果？直流铁芯线圈误接到交流电源上又会产生什么后果？

习题 6-2　一个铁芯线圈，当其铁芯的横截面积变大但磁路的平均长度不变时，试分析在下述两种情况下其励磁电流是否变化，怎样变化。

（1）直流励磁，励磁电压不变。

（2）交流励磁，励磁电压不变。

习题 6-3　试分析在下列情况下交流铁芯线圈铁芯中的磁感应强度和线圈中的电流将如何变化。

（1）电源电压大小和频率不变，线圈匝数增加。

（2）电源电压大小不变，频率减小。

（3）电源电压大小不变，铁芯横截面积减小。

（4）电源电压大小不变，铁芯中空气隙增大。

（5）电源电压增大，其他量不变。

习题 6-4　试分析在电源电压不变的情况下，在空心线圈中加入铁芯对直流励磁电流和交流励磁电流所起的影响有何不同。

习题 6-5　交流励磁的铁芯为什么要做成片状（如硅钢片）的？如果硅钢片安放的位置和磁通的方向相垂直还能否达到目的？

习题 6-6　变压器可用来传递直流功率吗？为什么？如果变压器的一次侧接上和交流额定电压相等的直流电压，将会产生什么后果？

习题 6-7　交流电磁铁接电源后，如果衔铁长期不能吸合会引起什么后果？如果是直流电磁铁呢？

习题 6-8　在如题图 6-1 所示的环形磁路中，已知其铁芯的平均长度 $l = 20\text{cm}$，横截面积 $S = 4\text{cm}^2$，磁路由铸铁制成，现欲产生 $\Phi_\text{m} = 3 \times 10^{-4}\text{Wb}$ 的磁通，求直流励磁的磁动势 IN。

习题 6-9　题图 6-1 所示为一个由硅钢片叠成的磁路，设其占空系数 $K = 0.9$，现欲产生 $\Phi_\text{m} = 5 \times 10^{-2}\text{Wb}$ 的磁通，试求所需的磁动势 IN（题图 6-1 中数据的单位是 cm，占空系数是指有效横截面积和实际横截面积的比值）。

习题 6-10　一个接在市电上的铁芯线圈，测得其磁通 $\Phi_\text{m} = 2 \times 10^{-4}\text{Wb}$，该铁芯上还绕有另一个线圈，其匝数 $N = 100$，试求该线圈开路时的电压。

习题 6-11　已知如题图 6-2 所示的电动式扬声器的电阻，即 $R_\text{L} = 3.2\Omega$，信号电源的内电阻 $R_\text{o} = 10^4\Omega$，为了使扬声器获得最大的功率，输出变压器的电压比应该是多少？

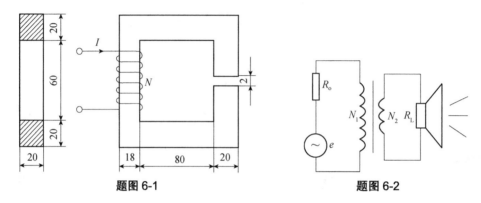

题图 6-1　　　　　　　　　　　　题图 6-2

习题 6-12　一台容量 $S_\text{N} = 20\text{kV} \cdot \text{A}$ 的照明变压器，它的电压为 6600/220V，问它能够正常供应 220V、40W 的白炽灯多少盏，能供应 $\cos\varphi = 0.5$、电压 220V、功率 40W 的荧光灯多少盏。

习题 6-13　上题所给的变压器，其电压比 $K_\text{u} = \dfrac{6600}{220} = 30$，问一次侧线圈绕 30 匝、二次侧线圈绕 1 匝是否可以？为什么？

习题 6-14　一直流电磁铁吸合后的吸力与一交流电磁铁吸合后的平均吸力相等。

（1）将它们的励磁线圈的匝数都减去一半，吸力是否仍然相等？

（2）将它们的电压都降低一半，吸力是否仍然相等？

习题 6-15　某变压器的额定容量 $S_\text{N} = 100\text{V} \cdot \text{A}$，一次额定电压 $U_{1\text{N}} = 220\text{V}$，二次侧两个绕组的电压分别为 36V 和 24V（见题图 6-3）。

（1）已知 36V 绕组的负载为 $40\text{V} \cdot \text{A}$，求三个绕组的额定电流各是多少。

（2）若某负载的额定电压是 60V，则二次绕组应怎样连接才能满足要求？

习题 6-16　已知某变压器的额定容量 $S = 10\text{kV} \cdot \text{A}$，铁损 $\Delta P_\text{Fe} = 300\text{W}$，满载铜损 $\Delta P_\text{Cu} = 330\text{W}$，现向功率因数 $\cos\varphi = 0.85$ 的感性负载供电，求满载情况下的效率。

习题 6-17　已知某直流电磁铁（见题图 6-4）两个磁极的横截面积 $S_1 = S_2 = 1\text{cm}^2$，磁通 $\Phi_\text{m} = 10^{-4}\text{Wb}$，求电磁铁的吸力。

习题 6-18　若如题图 6-4 所示的电磁铁是一个交流电磁铁，励磁线圈的额定电压 $U_1 = 220\text{V}$，线圈匝数 $N = 10^4$，铁芯的横截面积 $S_1 = S_2 = 1\text{cm}^2$，试求电磁铁的最大吸力。

习题 6-19　在使用电流互感器时应该注意哪些事项。

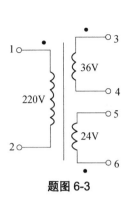

题图 6-3

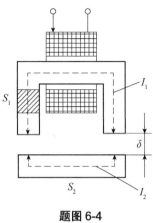

题图 6-4

第7章 电动机

电动机是将电能转换为机械能并输出的设备，按所用电源不同可分为交流电动机与直流电动机两大类。交流电动机又有异步电动机与同步电动机之分。直流电动机按励磁的不同分为他励电动机、并励电动机、串励电动机和复励电动机。

因为用电动机来驱动生产机械（称为电力拖动）有许多优点，如能减轻劳动强度、简化生产机械的结构，能提高生产效率和产品质量，能实现自动控制和远程操纵等，所以电动机得到了广泛的应用。由相关统计资料得知，在电力拖动系统中，交流异步电动机约占85%，只在对调速要求较高的生产机械，如轧钢机、龙门刨床和纺织机械等中还采用直流电动机。随着交流技术的飞速发展，对于交流电动机，主要应了解其基本构造、工作原理、机械特性，启动、反转、调速和制动的原理和方法，以及正确使用方法等。

7.1 三相异步电动机的基本构造

三相异步电动机主要由定子和转子两大部分组成，它们之间有空气隙。笼型三相异步电动机的组成部件如图7-1所示。

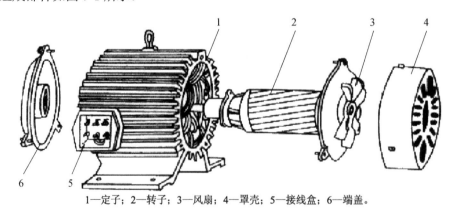

1—定子；2—转子；3—风扇；4—罩壳；5—接线盒；6—端盖。

图7-1 笼型三相异步电动机的组成部件

1. 定子

三相异步电动机的定子是由三相绕组和定子铁芯构成的。定子铁芯由0.5mm厚的硅钢片叠制而成，片间涂以绝缘漆，再叠压成圆筒形状。硅钢片内圆表面冲有均匀分布的槽，如图

7-2 所示。三相绕组 AX、BY 和 CZ 对称地安放于定子铁芯的槽中，A、B、C 称为三相绕组的始端，X、Y、Z 称为三相绕组的末端。将六个线端引到机座外侧的接线盒上，就可以根据三相电源电压的不同方便地接成星形或三角形，如图 7-3 所示（J、J0 系列是这样的，而 Y、YL 系列则大部分是在电动机内部已接成三角形，只将三个端头引到接线盒内）。

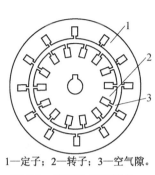

1—定子；2—转子；3—空气隙。

图 7-2　定子和转子铁芯

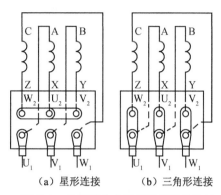

（a）星形连接　　（b）三角形连接

图 7-3　三相异步电动机接线柱的连接

2. 转子

　　转子主要由转子铁芯和转子导体（绕组）构成。转子铁芯也是电动机磁路的一部分，通常由厚度为 0.35～0.5mm 的硅钢片叠制而成，转子铁芯固定在转轴上或套在转轴的支架上，整个转子铁芯的外表面呈圆柱形，硅钢片的外圆周表面冲有均匀分布的槽。按转子绕组形式的不同，转子可分成笼型转子和绕线式转子两种，如图 7-4 和图 7-5 所示。笼型转子绕组由铜条制成，两端焊上铜环（称为端环），自成闭合路径。为了简化制造工艺和节省铜材，目前中、小型异步电动机常将转子导体、端环连同冷却用的风扇一起用铝液浇铸而成。具有笼型转子的异步电动机称为笼型异步电动机。

　　绕线式转子绕组与定子绕组一样，由导线绕成并连接成星形。每相始端分别连接到装于转轴上的集电环上，环与环、环与转轴之间都绝缘，靠集电环与电刷的滑动接触与外电路相连接。具有绕线式转子的异步电动机称为绕线式异步电动机，它与笼型异步电动机的工作原理是一样的。

　　一般中、小型异步电动机的定子和转子用装有轴承的端盖组装在一起，轴承用于支承转子的转轴，端盖固定在机座上。

（a）转子绕组　　（b）铸铝转子

图 7-4　笼型转子

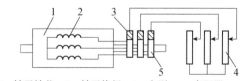

1—转子铁芯；2—转子绕组；3—电刷；4—变阻器；5—集电环。

图 7-5　绕线式转子结构示意图

7.2　三相异步电动机的工作原理

1. 演示实验

为了说明三相异步电动机的转动原理，我们先来做一个演示。在如图 7-6（a）所示的演示装置中，1 是蹄形永久磁铁，它和曲轴 4 相连接，曲轴 4 放在滑动轴承 5 上。在蹄形永久磁铁的 N、S 极之间放笼型转子 2，该转子也有一个轴，放在滑动轴承 3 上。转子由多根铜条制成，铜条两端分别用铜环连接起来。笼型转子和蹄形永久磁铁之间没有机械联系。如果用手摇动曲轴手柄，使蹄形永久磁铁转动起来，就会看到下述现象：①转子会跟着一起转动；②曲轴手柄摇得快转子就转得快，曲轴手柄摇得慢转子就转得慢；③转子转动的方向总是和磁极转动的方向一致；④转子转动的速度总是比磁极转动的速度慢一些。

2. 转动原理

三相异步电动机的转动原理和上面演示装置的转动原理是一样的，只不过磁极（N、S 极）不是永久磁铁的磁极，而是看不见、摸不着的磁场磁极。当电动机接通三相交流电源时，磁场便立即产生了，而且会以一定的角速度按一定的方向旋转。下面我们就用图 7-6（b）来说明转子转动的原理。图 7-6（b）中 N、S 极用虚线画出，用来表明它是三相电流产生的磁场磁极。图 7-6（b）为笼型转子的横剖面，铁芯是用来加强磁场的。为简单明了，图 7-6（b）中只画出了两根铜条。

现在令 N、S 极以 n_1 的转速按顺时针方向旋转，这时铜条就会切割磁力线，从而在铜条内产生感应电动势 e，e 的方向由右手定则确定。当在图 7-6（b）中应用右手定则时，磁极顺时针方向转动可视为磁极不动而笼型转子逆时针方向转动。由此得出，N 极下的铜条中感应电动势的方向为⊙，即由纸面内指向读者；S 极上的铜条中感应电动势的方向为⊗，即进入纸面的方向。我们知道，在铜条的两端是由两个铜环分别把铜条固接在一起的，这样上、下两根铜条和端环就形成了导电的通路，在感应电动势的作用下势必产生电流，这种电流称为感应电流 i'，其流动方向应该和电动势的方向一致。但因为电流又处在 N、S 极的磁场下，会受到力的作用，所以其方向由左手定则确定，此力对转轴形成一个与旋转磁场同方向的电磁转矩，使得转子沿着旋转磁场的方向以转速 n 旋转。

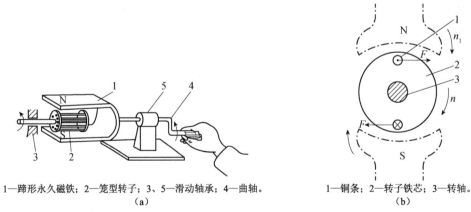

1—蹄形永久磁铁；2—笼型转子；3、5—滑动轴承；4—曲轴。　　　　1—铜条；2—转子铁芯；3—转轴。

（a）　　　　　　　　　　　　　　　　　　　　　　（b）

图 7-6　笼型转子转动原理及演示

3. 转差率

三相异步电动机转子的转速 n 永远低于旋转磁场的转速 n_1。因为如果 $n=n_1$，转子与旋转磁场就没有相对运动，铜条就不切割磁力线，也就没有感应电动势和感应电流产生，所以就不会产生电磁转矩使转子转动。所以 $n \neq n_1$，异步电动机因此得名，n 称为同步转速。又因为转子电动势和电流是通过电磁感应产生的，故异步电动机又叫感应电动机。

转子的转速随着转轴上机械负载的变化而略有变化。当电动机拖动的机械负载转矩增大时，转速 n 将下降。

旋转磁场与转子转速存在着转速差，即 n_1-n，这是异步电动机工作的一个特点。通常，我们将这个转速差与同步转速 n_1 之比称为转差率，用 s 表示，即

$$s = \frac{n_1 - n}{n_1} \tag{7-1}$$

转差率是反映异步电动机运行情况的一个重要物理量。在异步电动机接通电源启动瞬间，$n=0$，$s=1$。电动机转差率的变化范围为

$$0 < s \leqslant 1$$

中、小型电动机在额定运行条件下的转差率 s_N 一般为 0.02～0.06。

7.3　三相旋转

当三相异步电动机的定子绕组中通入三相电流时，电动机中就产生一个旋转磁场，转子绕组切割磁力线，从而在转子绕组中产生感应电动势及感应电流，带电流的转子绕组在磁场中必将受到电磁力的作用，电磁力乘以力臂（转子半径）就是电磁力矩，此力矩作用在转轴上，电动机的转子便会旋转起来。这样，定子从电源引入的电能通过旋转磁场传递到转子，并转变为动能（机械能），实现了能量的转换。由此可知，三相异步电动机旋转的先决条件是产生一个旋转磁场。下面就来讨论旋转磁场是怎样产生的。

1. 旋转磁场的产生

三相异步电动机定子三相对称绕组中通入三相对称电流则可产生旋转磁场。为分析方便，设定子三相对称绕组 AX、BY 和 CZ 接成星形，如图 7-7 所示。对称是指这三个绕组匝数相同，结构一样，互隔 120°。

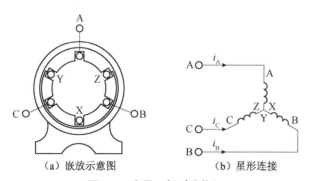

（a）嵌放示意图　　　　（b）星形连接

图 7-7　定子三相对称绕组

设定子三相对称绕组通入的三相对称电流为

$$i_A = I_m \sin \omega t$$
$$i_B = I_m \sin(\omega t - 120°)$$
$$i_C = I_m \sin(\omega t + 120°)$$

三相对称电流的波形如图 7-8（a）所示，规定电流正方向为由始端指向末端，图 7-8 中实际电流的流入端用 ⊗ 表示，流出端用 ⊙ 表示。为了分析合成磁场的变化规律，我们任选几个特定时刻，即 $\omega t = 0$（$t = 0$），$\omega t = 120°$（$t = \dfrac{1}{3}T$），$\omega t = 240°$（$t = \dfrac{2}{3}T$），$\omega t = 360°$（$t = T$）进行分析。

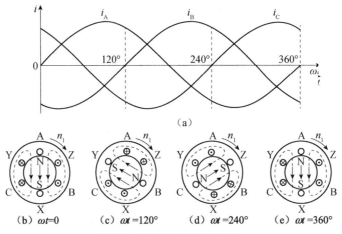

（b）$\omega t = 0$ （c）$\omega t = 120°$ （d）$\omega t = 240°$ （e）$\omega t = 360°$

图 7-8 两极旋转磁场的产生

当 $\omega t = 0$ 时，$i_A = 0$，i_B 为负，i_C 为正，其实际方向如图 7-8（b）所示。根据右手螺旋定则，其合成磁场如图 7-8（b）中虚线所示，它具有一对（两个）磁极，即 N 极和 S 极，并且与 A 相绕组平面重合。同理可得，在 $\omega t = 120°$、$\omega t = 240°$ 和 $\omega t = 360°$ 时的合成磁场分别如图 7-8（c）、（d）、（e）中虚线所示。由此可见，定子绕组中通入对称三相电流后，就会产生旋转磁场，并且该磁场会随电流的交变而在空间中有规律地不断旋转。

2. 旋转磁场的转向

从上面的分析中还可发现，旋转磁场的转向是由 A 相绕组平面转向 B 相绕组平面再转向 C 相绕组平面，周而复始地旋转下去。从图 7-8 中还可看出，旋转磁场的转向与三相绕组中通入三相电流的相序是一致的。只要对调三根电源线中的任意两根，旋转磁场必将反向旋转。

3. 旋转磁场的转速

由以上两极（极对数 $p=1$）旋转磁场的分析可知，电流变化一周，磁场正好在空间中旋转一周。若电流频率为 f_1，则两极旋转磁场每分钟的转速为 $n_1 = 60 f_1$（r/min）。

在实际应用中，常使用极对数 $p > 1$ 的多磁极电动机。旋转磁场的极对数与定子绕组的安排有关。若每相绕组由两个线圈组成，如图 7-9（a）、（b）所示，各相绕组始端在空间中相差 60°，则通入对称三相电流后便产生四极旋转磁场，即极对数 $p = 2$。这时由图 7-9（c）、（d）分析可知，电流变化一周，旋转磁场在空间中只旋转 1/2 周，即转速（r/min）为

$$n_1 = \frac{60 f_1}{2}$$

由此可见，只要按一定规律安排和连接定子绕组，就可获得不同极对数的旋转磁场，产生不同的转速，其关系为

$$n_1 = \frac{60f_1}{p} \qquad\qquad (7\text{-}2)$$

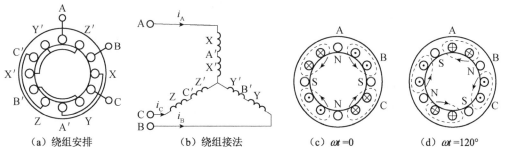

| (a) 绕组安排 | (b) 绕组接法 | (c) $\omega t = 0$ | (d) $\omega t = 120°$ |

图 7-9　四极旋转磁场

在我国，工频交流电频率 f_1 为 50Hz，不同极对数的旋转磁场的转速如表 7-1 所示。

表 7-1　不同极对数的旋转磁场的转速

极对数 p	1	2	3	4	5	6
转速 $n_1/$（r/min）	3000	1500	1000	750	600	500

例 7.1　已知 n_1=750r/min，n_N=720r/min，电源频率 f 为 50Hz，试问该电动机是几极电动机？额定转差率为多少？

解：由于电动机的额定转速应接近其同步转速，所以可得

$$n_1 = 750\text{r/min}$$

由

$$n_1 = \frac{60f_1}{p}$$

可得极对数为

$$p = \frac{60f_1}{n_1} = \frac{60 \times 50}{750} = 4$$

所以该电动机是 8 极电动机。

额定转差率为

$$s_N = \frac{n_1 - n}{n_1} = \frac{750 - 720}{750} = 0.04$$

7.4　三相异步电动机

电磁转矩 T 是电动机最重要的参数之一，机械特性反映电动机机械方面的性能，要正确、合理地使用电动机，就必须对它们有进一步的认识。

1. 电磁转矩

因为三相异步电动机的电磁转矩是由旋转磁场与转子电流相互作用产生的，所以电磁转矩与旋转磁场的磁通（每极的主磁通）Φ 和转子电流 I_2 成正比。又因为转子电路是电感性的，

I_2 滞后于 E_2 一个 φ_2 电角度,所以电磁转矩 T 与转子电流 I_2 的有功分量 $I_2 \cos\varphi_2$ 成正比,从而有

$$T = K_T \Phi I_2 \cos\varphi_2 \tag{7-3}$$

式中,K_T 是与电动机结构有关的常数;Φ 为旋转磁场每极的主磁通(单位为 Wb);I_2 是转子电流有效值;$\cos\varphi_2$ 为转子电路的功率因数。

转子电流 I_2 及功率因数 $\cos\varphi_2$ 与电动机的工作情况和转子的参数有关。下面分别进行简单的讨论。

(1)旋转磁场的磁通 Φ 与定子相电压 U_1 的关系。

旋转磁场不但在转子绕组中产生感应电动势 e_2,还在定子绕组中产生感应电动势 e_1,在忽略定子绕组电阻和漏磁电抗压降时,定子一相绕组感应电动势与其端电压的关系为

$$U_1 \approx E_1 = 4.44 f_1 N_1 \Phi k_1 \tag{7-4}$$

式中,N_1 为定子每相绕组的匝数;k_1 为定子绕组系数。

(2)转子电路中的各物理量。

在三相异步电动机接通电源启动瞬间,$n=0$,$s=1$。若将这时转子电路中的各物理量加下标 20 表示,则转子电流频率为

$$f_{20} = pn/60 = f_1 \tag{7-5}$$

转子电动势为

$$E_{20} = 4.44 f_{20} N_2 \Phi k_2 = 4.44 f_1 N_2 \Phi k_2 \tag{7-6}$$

式中,k_2 为转子绕组系数,其值小于 1 且约等于 1。转子的(漏磁)感抗为

$$X_{20} = 2\pi f_{20} L_{S2} = 2\pi f_1 L_{S2} \tag{7-7}$$

式中,L_{S2} 为转子的漏磁电感。

转子电流为

$$I_{20} = \frac{E_{20}}{\sqrt{R_2^2 + X_{20}^2}} \tag{7-8}$$

式中,R_2 为转子每相绕组电阻。

转子电路的功率因数为

$$\cos\varphi_2 = \frac{R_2}{\sqrt{R_2^2 + X_{20}^2}} \tag{7-9}$$

当转子转动以后,$n \neq n_1$,转子绕组切割旋转磁场磁力线的速度为 $n_1 - n$,转子感应电动势和电流的频率为

$$f_2 = \frac{p(n_1 - n)}{60} = \frac{n_1 - n}{n_1} \cdot \frac{pn_1}{60} = sf_1 \tag{7-10}$$

这样,转子电动势为

$$E_2 = 4.44 f_2 N_2 \Phi k_2 = 4.44 sf_1 N_2 \Phi k_2 = sE_{20} \tag{7-11}$$

转子的(漏磁)感抗为

$$X_2 = 2\pi f_2 L_{S2} = 2\pi sf_1 L_{S2} = sX_{20} \tag{7-12}$$

转子电流为

$$I_2 = \frac{E_2}{\sqrt{R_2^2 + X_{20}^2}} = \frac{sE_{20}}{\sqrt{R_2^2 + (sX_{20})^2}} \tag{7-13}$$

转子电路的功率因数为

$$\cos\varphi_2 = \frac{R_2}{R_2^2 + X_2^2} = \frac{R_2}{R_2^2 + (sX_{20})^2} \tag{7-14}$$

由以上分析可知，转子电路中的各物理量都与转差率有关，即与转子转速有关，这是因为转子电路在旋转，在学习时应注意到这个重要特点。I_2 和 $\cos\varphi_2$ 与转差率 s 的关系如图 7-10 所示。

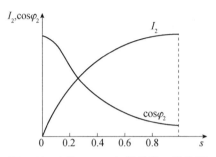

图 7-10　I_2 和 $\cos\varphi_2$ 与转差率 s 的关系

2. 转矩特性

将式（7-13）代入式（7-3），$\Phi \propto U_1$，$E_{20} \propto \Phi$，式（7-3）可转化为

$$T = K_T \frac{sR_2U_1^2}{R_2^2 + (sX_{20})^2} \tag{7-15}$$

T 随 s 变化的关系如图 7-11 所示，我们把该曲线称为转矩特性曲线。

由式（7-15）和图 7-11 可以看出，当 s 较大时，$R_2 \propto X_{20}$，所以 T 几乎随 s 成反比减小；当 s 较小时，$R_2 \propto X_{20}$，所以 T 几乎随 s 成正比增加。由此可见，转矩特性曲线将会出现一个最大值 T_{max}，这时的转差率 s_m 称为临界转差率。令式（7-15）对 s 的导数 $dT/ds=0$，可求得

$$s_m = \frac{R_2}{X_{20}} \tag{7-16}$$

所以有

$$T_{max} = K_T \frac{s_m R_2 U_1^2}{R_2^2 + (s_m X_{20})^2} \tag{7-17}$$

或

$$T_{max} = K_T \frac{U_1^2}{2X_{20}} \tag{7-18}$$

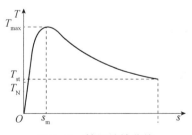

图 7-11　转矩特性曲线

由以上分析可以得出以下三个结论。

（1）T 和 T_{max} 与 U_1^2 成正比，所以电源电压的波动对转矩的影响很大。

（2）最大转矩 T_{max} 与 R_2 无关。

（3）临界转差率 s_m 与 R_2 成正比。

3. 机械特性

转矩特性虽然间接地反映了转矩与转速之间的关系，但在实际工作中，人们习惯于按转矩与转速的直接关系来进行分析。我们把电动机的转速 n 与转矩 T 之间的关系，即 $n = f(T)$ 称为机械特性。将转矩特性曲线顺时针转 90°，并将 s 轴改为 T 轴、将 T 轴改为 n 轴，即可得到机械特性曲线，如图 7-12 所示。机械特性是电动机最重要的特性之一。因为电动机要带动机械负载工作，所以它能带动多大的机械负载工作，可否超载，能超载多少，电源电压波动或变动对它的运行状态会产生什么影响等都是我们很关心的问题。

由图 7-12 可见，最大转矩 T_{max} 将机械特性曲线分成两部分，即 AB 部分和 BC 部分，其中 AB 部分转速随转矩的增大而减小，BC 部分转速随转矩的减小而减小。

通常三相异步电动机工作于 AB 段，因为根据运动学原理，当电动机的电磁转矩与所拖动的负载转矩相等，即 $T = T_L$ 时，拖动系统以转速 n 稳定运行在 p 点外（见图 7-13）。在负载转矩增大至 T_L' 的过程中，电动机将减速，随之电磁转矩增大，直至与 T_L' 相等时又以 n' 在 p' 点稳定运行。同样，若此时负载转矩减小至 T_L''，电动机将加速，随之电磁转矩减小，直至与 T_L'' 相等时又以 n'' 在 p'' 点稳定运行。由于运行于这段区间时，电动机能自动适应负载转矩的变化而稳定地运转，故这段区间称为稳定区，而且在这段区间内转速随转矩的变化很小，因此称这种机械特性为硬机械特性。硬机械特性特别适用于负载变化范围较大而又要求电动机转速变化很小的情况下的分析。

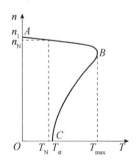

图 7-12 机械特性曲线

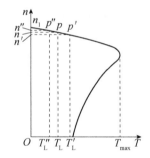

图 7-13 三相异步电动机自动适应机械负载的变化

BC 段为不稳定区。在该区间工作时，负载的微小波动即可导致电动机进入稳定区（负载减小时）或停车（负载增大时）。这一特点请读者自行分析。

机械特性曲线上有三个特殊点对于掌握电动机的运行性能很重要。

额定转矩 T_N 是电动机在额定状态下运行时的转矩。对应的转速 n_N 称为额定转速。额定转矩 T_N 可由铭牌上给出的额定功率 P_N 和额定转速 n_N 按下式求出，即

$$T_N = 9550 \frac{P_N}{n_N} \qquad (7\text{-}19)$$

式中，P_N 的单位为千瓦（kW）；n_N 的单位为转/分钟（r/min）；T_N 的单位为牛·米（N·m）。

最大转矩 T_{max} 也称为临界转矩。当负载转矩 $T_L > T_{max}$ 时，电动机将发生闷车停转现象，定

子电流剧增，若不及时断开电源，电动机将严重过热以致烧毁。通常产品目录中规定了电动机的过载系数，它是最大转矩与额定转矩的比值，用 λ 表示，即

$$\lambda = \frac{T_{\max}}{T_N} \tag{7-20}$$

三相异步电动机的过载系数一般为 1.8～2.2。若电动机在 $T_L < T_{\max}$ 的状况下工作，发热不超过允许温升，则短时过载还是允许的。

启动转矩 T_{st} 是电动机接通电源瞬间（$n=0$，$s=1$）对应的转矩。只有电动机的启动转矩大于负载转矩，才能带载启动。通常产品目录中也给出了电动机的启动能力，它表示启动转矩与额定转矩之比，即

$$启动能力 = \frac{T_{st}}{T_N} \tag{7-21}$$

三相异步电动机的启动能力一般为 1～2。

例 7.2　已知 Y225M-2 型三相异步电动机的有关技术参数：P_N=45kW，f=50Hz，n_N=2970r/min，η_N=91.5%，启动能力为 2.0，过载系数 λ=2.2。求该电动机的额定转差率、额定转矩、启动转矩、最大转矩和额定输入功率。

解： 由型号知该电动机是两极的，其同步转速 n_1=3000r/min，所以额定转差率为

$$s_N = \frac{n_1 - n_N}{n_1} = \frac{3000 - 2970}{3000} = 0.01$$

额定转矩为

$$T_N = 9550 \frac{P_N}{n_N} = 9550 \times \frac{45}{2970} \approx 144.7 \ （N \cdot m）$$

启动转矩为

$$T_{st} = 2T_N = 2 \times 144.7 = 289.4 \ （N \cdot m）$$

最大转矩为

$$T_{\max} = \lambda T_N = 2.2 \times 144.7 = 318.34 \ （N \cdot m）$$

额定输入功率为

$$P_{1N} = \frac{P_N}{\eta_N} = \frac{45}{0.915} \approx 49.18 \ （kW）$$

7.5　本章小结

（1）电动机是将电能转换为机械能并输出的设备。应了解直流电动机的基本结构，理解其工作原理。不同励磁方式的直流电动机具有不同的特性，他励电动机由于具有优良的调速性能，所以应重点理解掌握。

（2）了解异步电动机的基本结构，理解旋转磁场、同步转速 n_0、转子转速 n、转差率 s 等基本物理量的概念，掌握三相异步电动机的转动原理。能根据 s 的大小和正负判断异步电动机 3 种工作状态：电动机运行状态、发电运行状态和电磁制动运行状态。

电磁转矩是异步电动机的一个重要参数，其大小与转子电流有功分量及每极磁通大小有关，即 $T = K_T \Phi_m I_2 \cos \varphi_2$，由此可推导出异步电动机的机械特性。机械特性是描述异步电动

拖动系统实现各种运行状态的有利依据。在机械特性曲线上有几个表征电动机运行性能的重要物理量：额定转矩、最大转矩和启动转矩。

（3）为了让单相异步电动机获得自启动能力，在它的启动绕组中串联电容，使之成为两相异步电动机。在启动时电动机内就会产生旋转磁场，从而产生启动转矩。

习题 7

习题 7-1 一台三相异步电动机，其额定转速 $n=1460\text{r/min}$，电源频率 $f_1=50\text{Hz}$。试求电动机在额定负载下的转差率。

习题 7-2 一台三相四极感应电动机，其频率为 50Hz，$U_N=380\text{V}$，定子绕组采用星形接法，$\cos\varphi_N=0.83$，$R_1=0.35\Omega$，$R_2'=0.34\Omega$，$s_N=0.04$，机械损耗与附加损耗之和为 288W。设 $I_{1N}=I_{2N}'=20.5\text{A}$，求此电动机在额定运行状况下的输出功率、电磁功率、电磁转矩和负载转矩。

习题 7-3 一台三相感应电动机，$P_N=7.5\text{W}$，$U_N=380\text{V}$，定子绕组采用三角形接法，频率为 50Hz。在额定状况下运行时，定子铜损为 474W，铁损为 231W，机械损耗为 45W，附加损耗为 37.5W，已知 $n_N=960\text{r/min}$，$\cos\varphi_N=0.824$，试计算转子电流频率、转子铜损、定子电流和电动机效率。

第8章 电工测量

科学基于测量，测量是获取信息的重要手段。著名科学家钱学森说过，发展高新技术、信息技术是关键，信息技术包括测量技术、计算机技术和通信技术，测量技术是关键和基础。由此可以看出测量的重要意义。电工测量涉及各种电量和非电量的测量，具有高准确度、高灵敏度、容易实现自动及遥控测量等优点，在现代测量技术中占据重要的地位，已被广泛应用于工农业生产、科学研究、社会生活等各领域。

8.1 电工测量的基础知识

8.1.1 电工测量的概念及特点

测量是指人们用实验的方法，借助一定的仪器或设备，对客观事物取得数量概念认识的过程，是人们定量认识客观事物的重要手段。

电工测量涉及的领域很广，包括电压、电流、功率、电能等电量的测量；电阻、电感、电容、阻抗、品质因数等电路参数的测量；频率、周期、相位、失真度等电信号特性的测量；位移、速度、压力、湿度、流量等非电量的测量。

电工测量技术在现代测量技术中占据重要的地位，它具有如下几个特点。

① 电工测量仪表结构简单，使用方便，测量速度快，比其他测量仪器精确度高得多，如在长度、力学方面的测量精度还未达到 10^{-10}，而电工测量精度已达 $10^{-13} \sim 10^{-14}$。

② 电工测量仪表可以灵活地安装在需要的地方进行测量，并可实现自动记录。

③ 电工测量仪表可以解决人不便于接触或远距离的测量问题（如核反应堆、宇宙中的星体、海洋及沙漠深处的测量等）。

④ 利用电工测量的方法能对非电量（如温度、压力、速度等）进行测量。

8.1.2 测量的分类及测量误差

1. 测量的分类

在进行测量时，对不同的量要使用不同的测量工具并选择合适的测量方法。为了实现测量目的，正确选择测量方法是很重要的，它直接关系到测量工作能否正常进行和测量结果的有效性。被测量种类繁多，使用的工具千差万别，测量方法的分类也多种多样。

（1）根据获得测量结果的方法不同，测量方法可分为直接测量法、间接测量法、组合测量法。

① 直接测量法。

直接测量法是通过测量直接得出被测量大小的测量方法。例如，用电压表直接测量出某一支路电压的大小或用电流表直接测量出某一支路电流的大小等。

② 间接测量法。

间接测量法是通过几个被测量之间的函数关系求出未知量的测量方法。例如，测量出有源二端网络的端口电压和短路电流，就可以利用欧姆定律求出该网络的等效内阻。常在直接测量不方便或间接测量结果较直接测量更为准确等情况下使用此方法。

③ 组合测量法。

组合测量法是兼用直接测量法与间接测量法的测量方法。

在某些测量中，被测量与几个未知量有关，需要通过改变测量条件进行多次测量，然后按照被测量与未知量之间的函数关系列方程组并求出各未知量。

例如，测量如图 8-1 所示的有源二端网络的内阻 R_0。由 KVL 得 $E = IR_0 + U_{ab}$，其中 E 与 R_0 均为未知量。在此可采用组合测量法，改变该网络的负载电阻 R_L，得到不同的电压读数 U_{ab1}、U_{ab2} 和电流表读数 I_1、I_2，将其代入上式得方程组：

$$\begin{cases} E = I_1 R_0 + U_{ab1} & （8\text{-}1） \\ E = I_2 R_0 + U_{ab2} & （8\text{-}2） \end{cases}$$

求解，得

$$R_0 = \frac{U_{ab2} - U_{ab1}}{I_1 - I_2} \qquad （8\text{-}3）$$

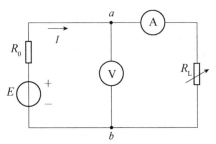

图 8-1 伏安法测有源二端网络的内阻

（2）根据在测量过程中有无标准量直接参与比较，测量方法可分为直读测量法和比较测量法。

① 直读测量法。

直读测量法是直接根据仪器、仪表的读数得到被测量的测量方法。例如，用电流表测量电流，用功率表测量功率等。这种测量方法的特点是标准量不直接参与作用，而是间接地参与比较，如仪表的刻度尺在制造时由标准量参与分度。正因为如此，这种测量方法的优点是采用的设备简单、操作方便，缺点是测量准确度不高。

② 比较测量法。

比较测量法是在测量过程中将被测量与标准量直接进行比较而获得测量结果的测量方法。例如，用电桥法测电阻，每次测量中作为标准量的标准电阻都要参与比较。比较测量法测量结果准确，灵敏度高，适用于精密测量，但操作较烦琐，测量仪器价格较贵。

以上分类中，直读测量法与直接测量法，比较测量法与间接测量法，彼此并不相同，但又互有交叉。

以测量电阻为例，当对准确度要求不高时，可用欧姆表直接测量或用伏安法间接测量，二者都属于直读测量法。当对准确度要求较高时，可用电桥法测量，这属于比较测量法。

在实际测量中采用哪种测量方法，应根据对被测量的准确度要求、被测量值的范围及测量条件等多种因素决定。

2. 测量误差

不管仪表的质量如何，其指示值与实际值之间总有一定的差值，称为测量误差。显然，仪表的准确度与其测量误差有关。测量误差有两种：一种是基本误差，它是由仪表本身造成的，如由弹簧永久变形或刻度不准确等造成的固有误差；另一种是附加误差，它是由外部因素造成的，如测量方法不正确、读数不准确、电磁干扰等。仪表的附加误差是可以减小的，使用者应尽量让仪表在正常情况下工作。测量误差是电工测量中非常重要的问题之一，忽视测量误差有时会影响结论的科学性。

（1）测量误差的表示法。测量误差可用绝对误差、相对误差和引用误差来表示。

① 绝对误差 ΔA 。

测量结果 A_x 与被测量的真值 A_0 之差称为绝对误差，表示为

$$\Delta A = A_x - A_0 \tag{8-4}$$

式中，真值一般用高一级的标准仪表测得的值代替。

在测量不同大小的被测量时，不能简单地用绝对误差来判断测量的准确度。例如，在用电压表 1 测 100V 电压时，绝对误差 $\Delta A_1 = +1V$ ；在用电压表 2 测 10V 电压时，绝对误差 $\Delta A_2 = +1V$ ， $\Delta A_1 = \Delta A_2$ 。但从仪表误差对测量结果的相对影响来看，电压表 1 的误差小得多。电压表 1 的测量误差占被测量的 1%，而电压表 2 的测量误差却占被测量的 10%，故工程上常采用相对误差来衡量测量结果的准确度。

② 相对误差 γ 。

绝对误差与被测量的真值之比称为相对误差，常用百分数表示，即

$$\gamma = \frac{\Delta A}{A_0} \times 100\% \tag{8-5}$$

③ 引用误差。

引用误差是绝对误差与仪表量限之比的百分数。

（2）测量误差的分类。根据测量误差的性质和特征，可将其分为 3 类，即系统误差、偶然误差和疏忽误差。

①系统误差。

系统误差有一定规律或在整个测量过程中保持不变，它主要包括以下几方面的误差。

a. 基本误差。由仪表结构和仪表在制造上的缺陷而造成的误差，这种误差为仪表所固有。

b. 附加误差。由外界因素（如温度、磁场等）的变化及未按技术要求使用仪表等造成的误差。

c. 方法误差。由测量方法不完善、使用者读数习惯不同、测量方法的理论根据不充分、使用了近似公式等造成的误差。

② 偶然误差。

偶然误差也称随机误差。这种误差是由某些偶然因素造成的，其特点是即使在相同的条件下，同样仔细地测量同一个量，所得结果仍有时大、有时小。但多次测量的结果综合起来看是服从统计规律的。因此，可以取各次测量值的算术平均值来削弱偶然误差对测量结果的影响。

③ 疏忽误差。

疏忽误差是由测量者的疏忽造成的误差。例如，读数错误、记录错误、操作方法错误等。在疏忽误差下得到的数据严重歪曲测量结果，应该剔除重测。

【练习与思考 8.1】

8-1　什么是测量？电工测量技术有何特点？

8-2　电工测量的误差是如何定义的？有哪些种类？

8.2　电工测量仪表

8.2.1　电工测量仪表简介

1. 电工测量仪表的分类

电工测量仪表的种类繁多，分类方法也各有不同。按照结构和用途不同，电工测量仪表大体上可以分为以下 5 类。

（1）指示仪表。它把电量直接转换成指针偏转角，将被测量的数值由仪表指针在刻度盘上直接指示出来。常用的指示仪表有电流表、电压表等。使用指示仪表进行测量，测量过程简单，操作容易，但准确度不太高。

（2）比较式仪表。使用比较式仪表需要在测量过程中将被测量与某一标准量进行比较，以确定被测量大小。常用的比较式仪表有电桥、电位差计等。比较式仪表的结构较复杂，造价较昂贵，测量过程也不如使用指示仪表简单，但测量的结果较使用指示仪表准确。

（3）数字式仪表。它直接以数字形式显示测量结果。常用的数字式仪表有数字万用表、数字频率计等。数字式仪表中应用了大规模集成电路，将被测模拟信号转换成数字信号，通过液晶显示屏直接显示数字。与指示仪表相比，具有体积小、精度高、使用方便的特点。

（4）记录仪表和示波器。记录仪表是指记录被测量随时间变化情况的仪表，如发电厂与变电所中采用的自动记录电压表、自动记录频率表及自动记录功率表。当被测量变化很快时，常用示波器来观测。

（5）扩大量程装置和变换器。包括分流器、附加电阻、电流互感器、电压互感器等。

在电工测量领域中，指示仪表的种类最多，具体分类方式如下。

（1）按仪表的工作原理分类，主要有磁电系、电磁系、电动系仪表，还有感应系、热电系、静电系、整流系、光电系等类型的仪表。

（2）按测量对象的种类分类，主要有电流表（又分为安培表、毫安表、微安表）、电压表（又分为伏特表、毫伏表等）、功率表、频率表、欧姆表、电度表、相位表等。

（3）按被测电流的种类分类，有直流仪表、交流仪表、交直流两用仪表。

（4）按仪表的准确度分类，根据国家标准 GB 776—1976，指示仪表的准确度可分为 0.1、0.2、0.5、1.0、1.5、2.5、5.0 共 7 个等级，如表 8-1 所示。仪表的等级即仪表准确度的等级。仪表的最大绝对误差与仪表的量程之比称为仪表的准确度，准确度等级越小，仪表准确度越高。

表 8-1　准确度等级

准确度等级	0.1	0.2	0.5	1.0	1.5	2.5	5.0
基本误差	±0.1%	±0.2%	±0.5%	±1.0%	±1.5%	±2.5%	±5.0%

通常 0.1 级和 0.2 级仪表为标准仪表；0.5 级和 1.0 级仪表用于实验室；1.5 级至 5.0 级仪表用于电气工程测量。测量结果的精确度不仅与仪表的准确度等级有关，还与它的量程有关。选择仪表的准确度必须从测量的实际出发，不能盲目选择准确度等级高的仪表，在选用仪表时还要选择合适的量程，通常应尽可能使读数占满刻度的 $\frac{2}{3}$ 以上。准确度高的仪表在使用不合理时产生的相对误差可能会大于准确度低的仪表。

（5）按工作环境分类，指示仪表可分为 A、B、C 三组。

A 组：适用的工作环境温度为 0～+40℃，相对湿度在 85% 以下。B 组：适用的工作环境温度为 -20～+50℃，相对湿度在 85% 以下。C 组：适用的工作环境温度为 -40～+60℃，相对湿度在 98% 以下。

（6）按对外界磁场或电场的防御能力分类，指示仪表有 I、II、III、IV 4 个等级。

2. 电工测量仪表的符号和标记

在电工测量仪表的表盘上，通常标有一些符号用来表明有关的技术性能。在使用仪表之前认真观察表盘上的各种符号，可以了解该仪表的性能、使用方法、使用要求等信息，对正确使用仪表有很大帮助。电工测量仪表若按被测量的种类分类，其符号如表 8-2 所示。

表 8-2　按被测量的种类分类

被测量	仪表名称	符号	被测量	仪表名称	符号
电流	电流表	Ⓐ	功率	功率表	Ⓦ
	毫安表	mA		千瓦表	kW
电压	电压表	Ⓥ	频率	频率表	Hz
	毫伏表	mV	相位差	相位表	φ
电阻	欧姆表	Ω	电能	电度表	kWh

电工测量仪表若按工作原理分类，其符号如表 8-3 所示。

表 8-3　按工作原理分类

分类	标志名称	符号	分类	标志名称	符号
工作原理符号	磁电系		工作原理符号	整流系	
	电磁系			感应系	
	电动系			静电系	

电工测量仪表上的符号及代表的意义如表 8-4 所示。

表 8-4 电工测量仪表上的符号及代表的意义

分类	意义	符号	分类	意义	符号
电流种类	直流	─	端钮及调零器	正端钮	+
	交流	∼		负端钮	−
	直流和交流	≅		调零器	⌣
	三相交流	≋		接地用的端钮	⏚
绝缘强度	不进行绝缘强度试验	☆		与外壳相连接的端钮	🜖
	绝缘强度试验电压为 2kV	☆		与屏蔽相连接的端钮	⊙
工作位置	垂直放置	⊥	准确度等级	以指示值的百分数表示准确度等级（如 1.5 级）	①.5
	水平放置	⊓		以标度尺量程的百分数表示准确度等级（如 1.5 级）	1.5
	与水平面倾斜呈 60°	∠60°		以标度尺长度的百分数表示准确度等级（如 1.5 级）	⋁1.5

3. 电工测量仪表的型号

（1）安装式仪表的型号。安装式仪表型号的组成如图 8-2 所示，其中形状第一位代号按仪表面板形状最大尺寸编制；形状第二位代号按外壳形状尺寸安装孔位特征编制；系列代号按测量机构的系列编制，如磁电系用"C"表示，电磁系用"T"表示，电动系用"D"表示，感应系用"G"表示，整流系用"L"表示，静电系用"Q"表示；设计序号由厂家给定；用途号按仪表测量对象编制，如电流代号为"A"，电压代号为"V"。例如，42C3-A 型安装式仪表，42 为形状代号，可从有关产品目录中查出仪表的型号和尺寸，C 表示磁电系仪表，3 为设计序号，A 表示用于测量电流。

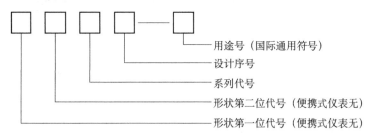

用途号（国际通用符号）
设计序号
系列代号
形状第二位代号（便携式仪表无）
形状第一位代号（便携式仪表无）

图 8-2 安装式仪表型号的组成

（2）便携式仪表的型号。便携式仪表型号组成中不含形状代号，所以将安装式仪表型号形状第一位、第二位代号去掉就是便携式仪表的型号。例如，T19-V 型便携式仪表，T 表示电磁系仪表，19 为设计序号，V 表示用于测量电压。

（3）电能表的型号。电能表的型号由类别代号、组别代号和设计序号组成，在其型号中，第一位字母均用"D"表示电能表；第二位字母中"D"表示单相，"T"表示三相四线，"S"表示三相三线，"X"表示无功。例如，DD28 型电能表，类别代号"D"表示电能表，组别代号"D"表示单相，"28"表示设计序号。

8.2.2　常用直读式仪表的特点

（1）磁电系仪表。磁电系仪表只能测量直流量，不能测量交流量。磁电系仪表的优点是刻度均匀，仪表内部耗能少，灵敏度和准确度较高。另外，由于磁电系仪表本身的磁场较强，所以抗外界磁场干扰能力较强。这种仪表的缺点是结构复杂，价格较高，过载能力小。磁电系仪表由于准确度较高，所以经常用作实验室仪表和高精度的直流标准表，通常用来测直流电流、直流电压及电阻等，也常用作万用表的表头。

（2）电磁系仪表。电磁系仪表的刻度不均匀，在用于测量交流量时，指示值为交流量的有效值。电磁系仪表的优点是结构简单，价格便宜，过载能力较大，能用来测量直流、正弦和非正弦交流量，不需要辅助设备，可直接测量大电流；缺点是准确度和灵敏度不高，内部耗能较多，易受外磁场影响。一般用电磁系仪表来测量交流电压和交流电流。

（3）电动系仪表。电动系仪表的刻度不均匀。电动系仪表的优点是既可以测量交流量和直流量，又可以测量非正弦交流量的有效值，由于没有铁芯的磁滞和涡流影响，所以准确度比电磁系仪表高，一般可制成 0.2～1.0 级的仪表；缺点是过载能力小且价格较高，内部耗能较多，抗电磁干扰能力较差。电动系仪表一般用于制作交直流两用仪表和交流校准表，也可用于制作功率表。

8.2.3　电工测量仪表的选择

（1）类型选择。电工测量仪表的类型根据可测量的量的参数性质分为直流仪表和交流仪表，交流仪表又有正弦波仪表与非正弦波仪表之分。对于直流量的测量，可选用磁电系、整流系仪表；若要求测量正弦量的有效值，则选用电磁系、电动系仪表，用这些仪表测出有效值后，也可换算成平均值、峰值等；若要求测量非正弦量，则选用电磁系、电动系仪表只能测量其有效值，选用整流系仪表只能测量其平均值。

（2）准确度等级选择。在选用仪表时，必须选择合适的准确度等级。虽然仪表的准确度等级越高越好，但不可盲目追求高准确度等级。对一般的测量来说，不必使用准确度等级很高的仪表，因为仪表准确度等级越高，其价格就越高，从而使设备成本增加。以外，准确度等级越高的仪表在使用时对工作条件的要求也越高，如要求恒温、恒湿、无尘等，在无法满足工作条件的情况下，测量结果反而不准确。但是也不应使用准确度等级过低的仪表，以免造成测量数据误差太大。因此，仪表的准确度等级要根据实际需要确定。

（3）量程选择。仪表量程的选择应根据被测量值的可能范围确定。若被测量值范围较小，则要选用较小的量程，这样可以得到较高的准确度。如果选用太大的量程，则测量结果误差较大。

对于一只确定的仪表，测量值越小，用其测量时准确性越低。因此，在选择量程时，应尽量使被测量值接近满量程值。另外，也要防止被测量值超出满量程值而使仪表受损。因此，可取被测量值为满量程值的 $\frac{2}{3}$ 左右。最少也应使被测量的值超过满量程值的一半。当被测电流大小无法估计时，可先将多量程仪表置于大量程挡，然后根据仪表的指示值调整量程。

（4）仪表内阻。当仪表接入被测电路后，仪表内阻会影响原有电路的参数和工作状态，以致影响测量的准确性。例如，电流表是串联接入被测电路的，仪表内阻增加了电路的总电阻，也就相应地减小了原电路中的电流，这势必影响测量结果，所以要求电流表内阻越小越好，一般应使电流表内阻 $R_A \leqslant \dfrac{1}{100}R$（$R$ 为与电流表串联的被测对象的总电阻），量程越大，电流表内阻应越小。又如，电压表是并联接入被测电路的，它的内阻减小了电路的总电阻，使被测电路两端的电压发生变化，影响测量结果，所以电压表内阻越大越好，量程越大，电压表内阻应越大。一般要求电压表内阻 $R_V \geqslant \dfrac{1}{100}R$（$R$ 为与电压表并联的被测对象的总电阻），这时就可忽略仪表内阻的影响。当由仪表内阻的影响造成的测量误差远大于仪表的基本误差时，选择内阻合适而准确度较低、量程较大的仪表进行测量比用准确度较高、量程合适但内阻不合适的仪表进行测量的误差小。

（5）工作条件选择。选择仪表还应注意使用环境和测量条件，如要考虑使用地点、周围温度和湿度、外界电磁场强度等。

【练习与思考 8.2】

8-3　指示仪表的准确度可分为哪几个等级？它们所代表的含义是什么？

8-4　电工测量仪表的选择应注意哪几点？

8.3　常见电量的测量

8.3.1　电阻、电流、电压的测量

1. 电阻的测量

低阻值电阻（$10^{-5} \sim 1\Omega$）一般采用直流双臂电桥（开尔文电桥）测量，中阻值电阻（$1 \sim 10^5\Omega$）一般采用万用表、直流单臂电桥（惠斯登电桥）测量，也可用伏安法测量，高阻值电阻（多指兆欧级以上电阻）通常采用兆欧表测量。

（1）用万用表测量电阻。

当用万用表的电阻挡测量电阻时，先根据被测电阻值的大小，选择好万用表电阻挡的倍率或量程，再将两个输入端短路调零，最后将万用表并接在被测电阻的两端，表头指针显示的读数乘以所选量程的倍率即所测电阻值。若选用"×100"挡测量，指针指示 50，则被测电阻值为 $50 \times 100 = 5000\Omega = 5k\Omega$。

（2）用电桥法测量电阻。

当对电阻值的测量精度要求很高时，可用电桥法进行测量。如图 8-3 所示，R_1、R_2 是固定电阻，称为比率臂，比例系数 $K = \dfrac{R_1}{R_2}$ 可通过量程开关进行调节；R_N 为标准电阻，称为标准臂；R_X 为被测电阻；G 为检流计。在测量时接上被测电阻，接通电源，通过调节 K 和 R_N 的值使电桥平衡，即使检流计示值为零，知道 K 和 R_N 的值，即可求出 R_X 的值：

$$R_X = K \times R_N \tag{8-6}$$

（3）用伏安法测量电阻。

伏安法是一种间接测量方法，其理论依据是欧姆定律，给被测电阻施加一定的电压，所加电压应不超出被测电阻的承受能力，然后用电压表和电流表分别测出被测电阻两端的电压

和流过它的电流，即可算出被测电阻值。

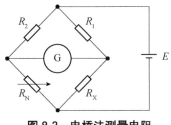

图 8-3　电桥法测量电阻

对于非线性电阻，如热敏电阻、二极管的内阻等，它们的阻值与工作环境及外加电压和电流的大小有关，一般采用专用设备测量。当无专用设备时，可采用前面介绍的伏安法测量，先测量一定直流电压下的直流电流值，然后改变电压的大小，逐点测量相应的电流，最后画出伏安特性曲线，所得电阻值只表示一定电压或电流下的直流电阻值。

电阻测量的注意事项如下。

（1）不允许带电测量电阻，以免烧坏万用表。

（2）万用表内干电池的正极与面板上"−"插孔相连，干电池的负极与面板上的"+"插孔相连。在测量电解电容和晶体管等元器件的电阻时要注意极性。

（3）每换一次倍率，要重新进行调零。

（4）不允许用万用表电阻挡直接测量高灵敏度表头内阻，以免烧坏表头。

（5）不能用双手捏住表笔的金属部分测电阻，否则会将人体电阻并接于被测电阻而引起测量误差，若有其他支路与被测电阻并联，应将被测电阻的一端与其他电路断开。

（6）测量完毕后，将转换开关置于交流电压最高挡或空挡。

2. 电流的测量

测量直流电流通常采用磁电系电流表，也可采用交直流两用的电磁系或电动系电流表。

测量交流电流主要采用电磁系或电动系电流表。为了使电路的工作不受接入的电流表的影响，电流表的内阻一般都很小。电流表必须与被测电路串联，如图 8-4（a）所示，否则将会烧毁电流表。此外，在测量直流电流时还要注意仪表的极性。

在采用磁电系电流表测量直流电流时，因其表头所允许通过的电流很小，不能直接测量较大电流，为了扩大量程，可在表头上并联一个称为分流器的低阻值（R_A）电阻，如图 8-4（b）所示。

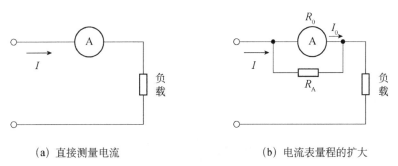

（a）直接测量电流　　　　　　　（b）电流表量程的扩大

图 8-4　电流的测量

分流器的阻值为

$$R_A = \frac{R_0}{n-1}$$

式中，R_0 为表头内阻；$n = \frac{I}{I_0}$，为分流系数，其中 I_0 为表头的量程，I 为扩大后的量程。由此可知，需要扩大的量程越大，分流器的阻值就越小。

例 8.1 有一磁电系测量机构，当无分流器时，表头的满标值电流为 10mA，表头内阻为 20Ω，要把它制成量程为 2A 的电流表，问应并联阻值为多少的分流器？

解：

$$R_A = \frac{R_0}{\frac{I}{I_0}-1} = \frac{20}{\frac{2}{0.01}-1} \approx 0.1005 \quad (\Omega)$$

也就是说，要把这个磁电系测量机构制成量程为 2A 的电流表，应并联一个阻值为 0.1005Ω 的分流器。

扩大电磁系电流表的量程用电流互感器，而不用分流器。一方面，电磁系电流表的线圈是固定的，允许通过较大的电流；另一方面，在测量交流电流时，由于电流的分配不仅与电阻有关，而且与电感有关，因此分流器很难制得精确。

3. 电压的测量

测量直流电压通常采用磁电系电压表，测量交流电压通常采用电磁系或电动系电压表。为了使电路的工作不受接入的电压表的影响，电压表的内阻必须很大。电压表在使用时应与被测电路并联，如图 8-5（a）所示。在测量直流电压时还要注意仪表的极性。

扩大电压表量程的方法是在表头上串联一个高阻值（R_V）倍压器，倍压器的阻值为

$$R_V = (m-1)R_0$$

式中，R_0 为表头内阻；$m = \frac{U}{U_0}$，为倍压系数，其中 U_0 为表头的量程，U 为扩大后的量程。由此可知，需要扩大的量程越大，倍压器的阻值就越大。

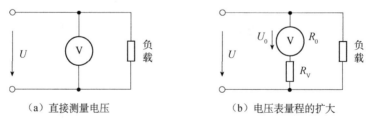

（a）直接测量电压　　　　　（b）电压表量程的扩大

图 8-5　电压的测量

例 8.2 有一个电压表，其量程为 50V，表头内阻为 2000Ω，要把它的量程扩大到 500V，问表头还需要串联阻值为多少的倍压器？

解：

$$R_V = 2000 \times \left(\frac{500}{50}-1\right) = 18000 \quad (\Omega)$$

也就是说，要把这个电压表的量程扩大到 500V，表头应串联一个阻值为 18000Ω 的倍压器。

8.3.2　功率的测量

1. 直流功率的测量

直流功率与单相交流功率与电压和电流的乘积有关，因此用来测量功率的仪表必须有两个线圈，如图 8-6 所示，一个线圈与负载串联，它的匝数少、导线粗，反映负载中的电流，称为电流线圈；另一个线圈与负载并联，它的匝数多、导线细，反映负载两端电压，称为电压线圈。功率表电流线圈与电压线圈上各有一端标有"•"，被称为电源端，这是为了使接线不致发生错误而标出的特殊标记。为防止功率表的指针反偏，在接线时电流线圈上标有"•"的一端必须接至电源的正极端，而另一端则接至负载端，电流线圈是串联接入被测电路的。功率表电压线圈上标有"•"的一端可以接至电流端钮的任意一端，而另一端则跨接至负载的另一端，电压线圈是并联接入被测电路的。

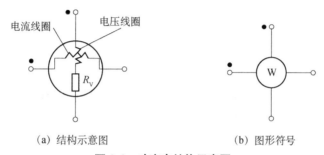

(a) 结构示意图　　　　　　　　(b) 图形符号

图 8-6　功率表结构示意图

功率表有两种接线方式，即电压线圈前接法和电压线圈后接法。

电压线圈前接法如图 8-7（a）所示，这种接法适用于负载阻值远大于电流线圈阻值的情况。因为这时电流线圈中的电流虽然等于负载电流，但电压支路两端的电压包含负载电压和电流线圈两端的电压，即功率表的读数中多出了电流线圈的功率消耗。如果负载阻值远比电流线圈阻值大，则引起的误差就比较小。

电压线圈后接法如图 8-7（b）所示，这种接法适用于负载阻值远小于电压线圈阻值的情况。此时与电压线圈前接法的情况相反，虽然电压支路两端的电压与负载电压相等，但电流线圈中的电流却包括负载电流和电压支路电流。若电压线圈阻值远比负载阻值大，则电压支路的功率消耗对测量结果的影响就较小。

如果被测负载功率较大，可以不考虑功率表本身的功率对测量结果的影响，则两种接法可任意选择。但最好选用电压线圈前接法，因为功率表中电流线圈的功率一般都小于电压线圈的功率。

在使用功率表时，应正确选择功率表的电流量程和电压量程，不能仅从功率表的量程考虑，电流量程不能低于负载电流，电压量程不能低于负载电压。例如，D9-W14 型功率表的额定值为 5/10A 和 150/300V，则功率量程可有 4 种选择：5A、150V，功率量程为 750W；5A、300V，功率量程为 1500W；10A、150V，功率量程为 1500W；10A、300V，功率量程为 3000W。从中可以看出，功率量程相同，使用时的意义却不一样。

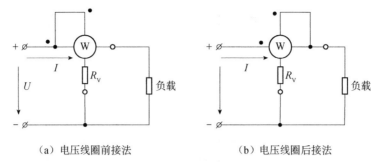

（a）电压线圈前接法　　　　　　　　（b）电压线圈后接法

图 8-7　功率表的接线方式

通常功率表有两个电流量程和多个电压量程，但标度尺只有一条，故它的标度尺不标瓦特数，而只标分格数。每分格所代表的瓦特数由所选的电压量程和电流量程决定，如用 C_p 表示每分格的功率值（又称功率表常数），用 α_m 表示满刻度格数。如果功率表的电压量程为 U_m，电流量程为 I_m，则

$$C_p = \frac{U_m I_m}{\alpha_m} \qquad (8\text{-}7)$$

在测量过程中，若读得功率表指针偏转格数为 α，则功率的测量值为

$$P = C_p \alpha \qquad (8\text{-}8)$$

例 8.3　有一个电压量程为 250V、电流量程为 3A、满刻度格数为 75 的功率表，现在用它测负载的功率，当指针偏转 45 格时负载功率为多少？

解：先计算功率表常数 C_p，即

$$C_p = \frac{U_m I_m}{\alpha_m} = \frac{250 \times 3}{75} = 10 \quad （\text{W/格}）$$

故被测功率为

$$P = C_p \alpha = 10 \times 45 = 450 \quad （\text{W}）$$

直流功率的测量有两种方法：一种是用直流电压表和直流电流表分别测出负载电流和负载两端的电压，然后根据公式 $P = UI$ 计算出直流功率；另一种是用单相功率表直接测量。单相交流负载的有功功率为 $P = UI\cos\alpha$，其中 U 为负载电压的有效值，I 为负载电流的有效值，α 为负载电压与负载电流之间的相位差。电动系功率表的偏转角不仅与电压、电流有效值的乘积有关，而且与它们的相位差的余弦值有关。电动系功率表电压线圈上的电压与通过的电流有一定的相位差，但电动系功率表的电压线圈串联了阻值很大的分压电阻，其感抗与电阻相比可忽略，可认为电压线圈上的电压与通过的电流基本同相，而电流线圈中的电流受负载性质的影响而与电压存在一个相位差，它与负载电压和负载电流之间的相位差相同。因此，有功功率表指针的偏转角和电路中有功功率 $P = UI\cos\varphi$ 成正比，这样就可以使用电动系有功功率表直接测量单相交流负载的有功功率，其使用方法与直流功率表基本相同。

例 8.4　有一个感性负载工作在 220V 的电路中，其功率约为 900W，功率因数为 0.7，在使用 D9-W14 型功率表（量程为 5/10A 和 150/300V）进行测量时应怎样选择量程？

解：因为负载工作在 220V 的电路中，故功率表的电压量程应选择 300V，又因负载电流为

$$I = \frac{P}{U\cos\alpha} = \frac{900}{220 \times 0.7} \approx 5.84 \ (\text{A})$$

所以功率表的电流量程应选 10A。

2. 三相交流电路中有功功率的测量

在三相交流电路中，用单相功率表可以组成一表法、两表法和三表法来测量三相负载的有功功率。

（1）一表法。

所谓一表法，是指可用一个单相有功功率表测量三相对称负载的有功功率，因为三相负载是对称的，所以三相负载的功率相等，可先测出其中一相负载的功率，再将该表读数乘以 3 得到三相对称负载的总功率。一表法测量三相对称负载功率的接线如图 8-8 所示。

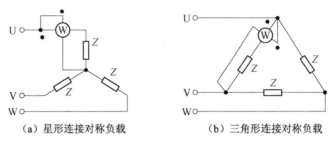

（a）星形连接对称负载　　　　（b）三角形连接对称负载

图 8.8　一表法测量三相对称负载功率的接线

（2）两表法。

在三相三线制电路中，不论负载是对称的还是不对称的，均可用两个单相功率表测量三相功率，这种方法称为两表法。两表法测量三相三线制负载功率的接线如图 8-9 所示，两个功率表的电流线圈串联接入任意两线，使通过电流线圈的电流为三相电路的线电流（电流线圈的"·"端必须接到电源侧）；两个功率表电压线圈的"·"端必须接到该功率表电流线圈所在的线上，而另一端必须同时接到没有接功率表电流线圈的第三条线上。从两个功率表上读得的指示值分别是瞬时功率 $P_1 = u_{UW}i_U$ 和 $P_2 = u_{VW}i_V$ 在一个周期内的平均值。三相负载的有功功率就是两只功率表指示值之和，证明如下。

三相负载总瞬时功率为

$$P = P_U + P_V + P_W = u_U i_U + u_V i_V + u_W i_W \tag{8-9}$$

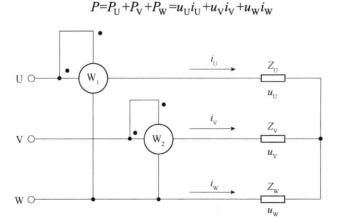

图 8-9　两表法测量三相三线制负载功率的接线

在三相三线制电路中，有

$$i_U+i_V+i_W=0 \qquad (8\text{-}10)$$

所以可得

$$i_W=-(i_U+i_V) \qquad (8\text{-}11)$$

将式（8-11）代入式（8-9）可得

$$P=u_Ui_U+u_Vi_V-u_W(i_U+i_V)=(u_U-u_W)i_U+(u_V-u_W)i_V=u_{UW}i_U+u_{VW}i_V=P_1+P_2 \qquad (8\text{-}12)$$

结果表明，两个功率表测得的瞬时功率之和等于三相负载总瞬时功率，因此两个功率表所测得的瞬时功率之和在一个周期内的平均值也等于三相负载总瞬时功率在一个周期内的平均值。三相负载的有功功率就等于两个功率表读数之和。

以上表明，只要是三相三线制电路，不管负载对称与否，其三相有功功率都可以用两表法来测量。三相四线制不对称电路因为不满足 $i_U+i_V+i_W=0$ 这个条件，故不能用两表法来测量。

图 8-10 中两个功率表的读数是瞬时功率 $u_{UW}i_U$ 和 $u_{VW}i_V$ 在一个周期内的积分平均值，即

$$\begin{cases} P_1=U_{UW}I_U\cos\varphi_1 & (8\text{-}13) \\ P_2=U_{VW}I_V\cos\varphi_2 & (8\text{-}14) \end{cases}$$

式中，φ_1 为线电压 U_{UW} 与线电流 I_U 的相位差；φ_2 为线电压 U_{VW} 与线电流 I_V 的相位差。当三相负载对称时，由图 8-10 可知，U_{UW} 与 I_U、U_{VW} 与 I_V 的相位差分别为

$$\varphi_1=30°-\varphi,\quad \varphi_2=30°+\varphi \qquad (8\text{-}15)$$

式中，φ 为相电压与相电流之间的相位差。两个功率表的读数之和可表示为

$$P=P_1+P_2=U_{UW}I_U\cos(30°-\varphi)+U_{VW}I_V\cos(30°+\varphi)=\sqrt{3}U_iI_i\cos\varphi \qquad (8\text{-}16)$$

由式（8-16）可知，当相电压与相电流同相，即 $\varphi=0$ 时，$P_1=P_2$，即两个功率表的读数相同。

当 $\varphi=\pm60°$ 时，将有一个功率表的读数为 0（当 $\varphi=60°$ 时，$P_2=0$；当 $\varphi=-60°$ 时，$P_1=0$）。

当 $|\varphi|>60°$ 时，将有一个功率表的平均转矩为负值，指针反转。在这种情况下，为了读出功率表的指示值，应将反转的功率表的电流线圈两端对调，但得到的读数应取负值。因此，三相总功率应等于两个功率表读数的代数和。

对称负载采用星形连接的相量图如图 8-10 所示。

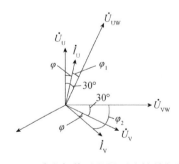

图 8-10 对称负载采用星形连接的相量图

（3）三表法。

三相四线制电路中的负载多数是不对称的，需要用三个单相功率表才能测出其三相功率。三表法测量三相四线制不对称负载功率的接线如图 8-11 所示，每个功率表测量一相的功率，

三个单相功率表测得的功率之和等于三相总功率，这种方法称为三表法。

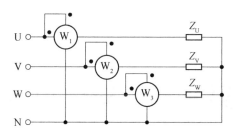

图 8-11 三表法测量三相四线制不对称负载功率的接线

【练习与思考 8.3】

8-5 测量电阻、电流、电压时应注意什么？

8-6 功率表什么时候采用电压线圈前接法？什么时候采用电压线圈后接法？为什么？

8-7 功率的测量方法有哪几种？分别适用于什么电路？

8.4 本章小结

本章首先介绍了电工测量的基础知识，其次介绍了电工测量仪表及其特点与选择方法，最后介绍了常用电量（电阻、电流、电压、功率等）的测量方法及传感器与非电量测量。

习题 8

习题 8-1 设被测电压为 100V，实验室中有 0.5 级 0～300V 和 1.0 级 0～100V 的仪表，如果希望测量的误差小，应选择哪个仪表？为什么？

习题 8-2 如果要测 220V 电压，要求测量结果的相对误差不大于 1.0%，问应选择量程上限为 250V、准确度不低于哪一级的仪表？

习题 8-3 有一个电流表，其满偏电流为 200μA，内阻为 300Ω，要把它的量程扩大为 2A，试问需要并联阻值多大的分流器？

习题 8-4 有一个电压表，其量程为 10V，内阻为 3000Ω，要把它的量程扩大到 200V，试问需要串联阻值多大的倍压器？

习题 8-5 功率表的满偏值为 1000，现选用电压为 150V、电流为 5A 的量程，若读数为 400，试问被测功率为多少？

第9章 安全用电

人们的生产与日常生活都离不开电，由于缺乏安全用电知识或一时疏忽大意及其他一些客观因素，人身触电事故、设备事故时有发生。当发生人身触电事故时，轻则烧伤，重则死亡；当发生设备事故时，轻则电气设备损坏，重则引起火灾或爆炸。因此，为保护人身及设备安全，必须树立安全用电的意识，掌握安全用电的知识和技能。

安全用电包括供电系统的安全、用电设备的安全及人身安全三方面。传统的安全用电措施主要有接地、接零、绝缘、电工安全用具、报警装置及漏电保护装置等，这些措施经历了长期的实践已经得到完善。近年来，随着电子技术、传感器技术、微机技术的发展，出现了由计算机和各种传感器组成的自动检测装置，能准确预报绝缘性降低、漏电、过载、短路、断相事故，以及事故发生的地点、部位，以提醒人们注意并加以处理。同时，在实践中也逐步完善了安全管理系统，出现了现代安全保证体系，这对保障人身安全及电气系统的安全有着很大的作用。

本章主要对人身触电事故及其危害，防止人身触电的技术与措施，以及触电的急救与预防等安全用电知识进行简单介绍。

9.1 触电及其对人体的伤害

9.1.1 触电的原因及方式

1. 触电的原因

人为什么会触电？因为人体能导电，大地也能导电，如果人体碰到带电的物体，电流就会通过人体传入大地，于是就发生了触电。如果人体不与大地相连（如穿了绝缘胶鞋或站在干燥的木凳上），电流就形不成回路，人就不会触电。触电的原因有很多，在不同的场合，触电的原因也不同，大致可归纳如下。

（1）缺乏安全用电常识，触及带电体。由于不知道哪些地方带电、什么东西能导电而造成触电。例如，误用湿布擦抹带电的电器、手触摸破损的胶盖刀闸、在高压线附近放风筝等。

（2）没有遵守操作规程，人体直接与带电体部分接触而造成触电。例如，带电修理、搬动用电设备，在高压线路下修剪树木、修造房屋等。

（3）用电设备管理不当，绝缘部位损坏，从而发生漏电，人体碰触漏电设备外壳而造成触电。

（4）高压线路落地，产生跨步电压而造成触电。

（5）在检修过程中，安全措施和安全技术不完善或接线错误等造成触电。

（6）其他偶然因素，如人体受雷击等。

2. 触电的方式

人体触电的主要方式有直接触电、间接触电、雷电触电、感应电压触电、剩余电荷触电及静电触电等。

1）直接触电

直接触电是指人与带电导体直接接触导致的触电，分为单相触电和两相触电。

（1）单相触电。

中性点直接接地的单相触电情况如图 9-1（a）所示，当人站在地面上或其他接地体上时，人体的某一部分接触带电体的同时另一部分与大地或中性线相接，电流从带电体流经人体传到大地（或中性线）形成回路，称为单相触电。中性点不直接接地的单相触电情况如图 9-1（b）所示。看起来由于中性点不接地不能形成通过人体的电流回路，实际上应考虑导线与地面可能因绝缘不良而存在阻抗及交流情况下存在电容也可构成电流的通路。一般情况下，接地电网中的单相触电比不接地电网中的单相触电危险性大。对于高压带电体，人体虽未直接接触，但由于超过了安全距离，高电压对人体放电而引起的触电也属于单相触电。

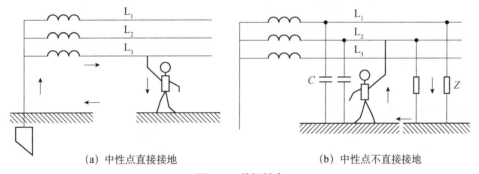

（a）中性点直接接地　　　　　　（b）中性点不直接接地

图 9-1　单相触电

（2）两相触电。

两相触电是指人体的两处同时触及三相电源的两根相线，以及在高压系统中人体同时接近不同相的两相带电导体而发生电弧放电，电流从一相导体经过人体流入另一相导体的触电方式，如图 9-2 所示。两相触电加在人体上的电压为线电压，通过人体的电流最大，因此不论电网的中性点接地与否，其触电的危险性都最大。

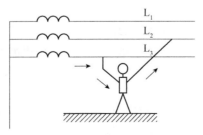

图 9-2　两相触电

2）间接触电

间接触电包括跨步电压触电和接触电压触电。

（1）跨步电压触电。

当电气设备发生接地故障或当线路中发生一根导线断线故障且导线落在地面上时，电流流过周围的大地产生电压降，当人体走近着地点时，两脚之间就形成了电位差，这就是跨步电压。跨步电压的大小受接地电流大小、鞋和地面特征、两脚之间的跨距和方位及离接地点的远近等很多因素的影响。离接地点越近、两脚之间的跨距越大，跨步电压就越大。当跨步电压的大小达到一定值时，会对人体造成危害甚至致人死亡，这样的触电事故称为跨步电压触电。

（2）接触电压触电。

接触电压是指当人站在发生接地短路故障设备的旁边并触及漏电设备的外壳时，其手、脚之间所承受的电压。由接触电压引起的触电称为接触电压触电。一般电气设备的外壳和机座都是接地的，正常情况下这些设备的外壳和机座都不带电。但当设备发生绝缘击穿、接地部分被破坏时，设备与大地之间会产生电位差。为防止发生接触电压触电，往往要把一个车间、一个变电站内的所有设备均单独埋设接地体，采用单独的保护接地措施。

3）雷电触电

雷电是自然界中的一种放电现象，多数发生在空中雷云之间，也有一小部分发生在雷云对地或地面物体之间。人若处在雷电放电路径中或靠近雷电放电路径，则可能遭到雷电电击。

4）感应电压触电

一些不带电的设备或线路由于大气变化（如雷电活动）会产生感应电荷，这些设备和线路若未接地，则对地存在感应电压。当人触及这些带有感应电压的设备和线路时所造成的触电称为感应电压触电。

5）剩余电荷触电

由于电容器、电力电缆、电力变压器及大容量电动机等设备在退出运行和对其进行类似摇表测量等检修后，会带上剩余电荷，如果未及时对其进行放电，那么当人接触这些设备时，这些设备可能会对人体放电而造成触电，这样的触电称为剩余电荷触电。

6）静电触电

由物体摩擦而产生的电荷称为静电电荷。静电电荷大量积聚会形成较高电位，一旦放电，也会对人体造成伤害。

9.1.2 触电对人体的伤害及伤害程度

1. 触电对人体伤害的分类

人体触及带电体后，电流对人体造成的伤害主要分为两种类型，即电伤和电击。

（1）所谓电伤，是指人体外器官受到电流的伤害。由电流的化学效应和机械效应引起的电伤会在人体皮肤表面留下明显的伤痕，如皮肤发红、起泡或烧焦、电烙伤和皮肤金属化等，电伤是人体触电事故中对人体造成伤害较为轻微的情况。

（2）所谓电击，是指电流通过人体使人体内部器官受到伤害。例如，电流作用于人体中枢神经会使人的心脑和呼吸机能的正常工作受到破坏，从而使人发生抽搐、痉挛及失去知觉；电流也可能使人体呼吸功能紊乱、血液循环系统活动大大减弱，从而造成假死现象，若救护不及时，则会造成死亡。电击是人体触电事故中对人体造成伤害较为严重的情况。在触电事故中，电击和电伤常同时发生。

2. 影响人体触电伤害程度的因素

电流通过人体对人体造成伤害的程度与通过人体的电流的大小、频率、持续作用时间、路径，电压高低，以及人体电阻和人的身体健康状况等有着密切的关系。

1）电流大小的影响

通过人体的电流越大，人体的生理反应就越明显，引起心室颤动所需的时间就越短，致命的危害就越大。按照通过人体的电流大小和人体所呈现的不同状态，可将电流分为以下 3 种。

（1）感觉电流：是指引起人的感觉的最小电流（1mA 左右）。

（2）摆脱电流：是指人体触电后能自主摆脱电源的最大电流（50～60Hz 交流电的摆脱电流为 10mA 左右，直流电的摆脱电流为 50mA）。

（3）致命电流：是指在较短的时间内危及生命的最小电流。一般情况下，当通过人体的电流达到 50mA 时，心脏会停止跳动，可能导致人死亡。

2）电流频率的影响

工频交流电的危害大于直流电，因为交流电会麻痹并破坏神经系统，往往使人难以自主摆脱电源。一般认为 25～300Hz 的交流电对人来说最危险。随着频率的增加，危险性将降低。当电源频率大于 2000Hz 时，对人体造成的伤害明显减小，但高压高频电流对人体来说仍然是十分危险的。

3）电流持续作用时间的影响

人体触电后，随着电流持续作用时间增加，电流会使人体发热，从而使人体组织的电解液成分增加，导致人体电阻降低，反过来又使通过人体的电流增大，对人体造成的伤害也随之增大。

4）电流路径的影响

电流通过头部可使人昏迷，通过脊髓可使人瘫痪，通过心脏会引起心室颤动甚至使心脏停止跳动，通过呼吸系统会造成窒息。从左手到胸部是最危险的电流路径，从手到手、从手到脚也是很危险的电流路径，从脚到脚是危险性较小的电流路径。

5）电压高低的影响

当人体电阻一定时，作用于人体的电压越高，通过人体的电流就越大，对人体来说就越危险。而且，随着作用于人体的电压的升高，人体电阻还会下降，致使电流更大，对人体造成的伤害就越严重。

6）人体电阻的影响

在一定电压作用下，流过人体的电流与人体电阻成反比。人体的电阻一般分为皮肤的电阻和内部组织的电阻两部分，其中皮肤的电阻即人体表面电阻，对人体电阻起主要作用。人体电阻是不确定的电阻，影响人体电阻的因素有很多，如皮肤的粗糙程度，皮肤的潮湿程度，皮肤上是否带有导电性粉尘，皮肤与带电体的接触面积和压力，以及衣服、鞋、袜的潮湿和油污情况等。皮肤干燥时电阻一般为 100kΩ 左右，而皮肤潮湿时电阻可降到 1kΩ 以下。人体在触电时，皮肤与带电体的接触面积越大，人体电阻就越小。一般情况下，当人体承受 50V 的电压时，人的皮肤角质外层绝缘就会出现缓慢破坏的现象，几秒后接触点就会产生水泡，从而破坏干燥皮肤的绝缘性能，使人体电阻值降低。电压越高，人体电阻值降低得越快。

不同人对电流的敏感程度也不一样，一般来说，儿童较成年人敏感，女性较男性敏感。患有心脏病者，触电后死亡的可能性更大。

【练习与思考 9.1】

9-1 人体触电的主要原因有哪些？

9-2 什么是单相触电？什么是两相触电？哪种触电方式危险性最大？为什么？

9-3 影响人体触电受伤害程度的因素有哪些？

9.2 防止触电的保护措施

防止触电的保护措施主要有接地与接零、使用安全电压、使用漏电保护器、绝缘保护、保证安全距离等。

9.2.1 接地与接零

接地与接零保护措施的作用有两个：一是保证电气设备的正常运行；二是保证人身安全，避免因电气设备绝缘损坏而使人发生触电危险，同时也防止雷电对电气设备和生产场所造成危害。

为了保证人身安全与电力系统正常工作，要求电气设备采取接地措施。接地是指将电气设备的某一部分通过接地装置同大地连接起来。接地按作用不同可分为工作接地、保护接地、重复接地、防静电接地和防雷接地等。按一定技术要求埋入大地并且直接与大地接触的金属导体称为接地体，使电气设备与接地体连接的金属导体称为接地线，接地体与接地线统称接地装置。接地电阻是指接地体或自然接地体的对地电阻和接地线电阻的总和。按照国家有关部门的规定，出于安全考虑，接地电阻值应为 $4\sim10\Omega$，仪器设备、计算机等的接地电阻值应小于 2Ω，防雷接地电阻值应小于 1Ω。

1. 工作接地

采用三相四线制供电方式的电力系统由于运行和安全的需要，将配电变压器二次侧的中性点直接或经消弧线圈、电阻、击穿保险器等与大地进行金属连接，称为工作接地。由这种接地方式构成的系统称为 TN 系统，如图 9-3（a）所示。从配电变压器的中性点引出的线称为中性线 N。无线电和电子设备采用的屏蔽接地，可以有效防止各种电磁干扰，提高设备运行的可靠性，也属于工作接地。引入工作接地的作用如下。

① 能迅速切断故障设备电源。在中性点不接地系统中，当一相故障接地时，由于接地电流较小，保护装置不能迅速动作切断电源，故障不易被发现，将较长时间地持续下去，对人、电气设备来说都不安全。在中性点接地系统中，当一相故障接地时，接地电流成为很大的单相短路电流，保护装置能迅速动作切断电源，从而避免人体触电及电气设备故障的扩大。

② 降低故障时的人体触电电压。在中性点不接地系统中，当一相接地时，人体触及另外两相时所承受的电压为线电压。在中性点接地系统中，由于中性点接地电阻很小，当一相接地时，另外两相对地电压变化不大，人体触及另外两相中的一相时所承受的电压为相电压，可以减轻触电后果。

③ 降低电气设备绝缘要求。在中性点不接地系统中，绝缘按线电压考虑。在中性点接地系统中，绝缘按相电压考虑，故可降低绝缘水平，节约成本。

2. 保护接地

在中性点不接地的低压系统中，设备金属外壳或金属构架必须与大地进行可靠的电气连接，即保护接地。由这种接地方式构成的系统称为 IT 系统，如图 9-3 (b) 所示。IT 系统适用于对连续供电要求高、环境条件不良、易发生单相接地故障，以及易燃、易爆场所。

若没有保护接地装置，当设备的绝缘良好、外壳不带电时，人触及外壳无危险；当设备的绝缘损坏、外壳带电时，人触及外壳会通过另外两相对地的漏电阻形成回路，从而造成触电事故。若有保护接地装置，当设备的绝缘损坏、外壳带电时，接地短路电流将同时沿着接地装置和人体两条通路流过。由于 R_0（保护接地电阻）与 R_b（人体电阻）是并联关系，流过每条通路的电流值将与电阻的大小成反比，通常人体的电阻比接地电阻大几百倍（一般在 1000Ω 以上），所以当接地电阻很小时，流经人体的电流几乎等于零，因而人体就避免了触电的危险。

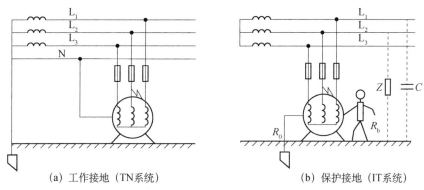

(a) 工作接地（TN系统）　　　　　(b) 保护接地（IT系统）

图 9-3　工作接地、保护接地

3. 保护接零

保护接零是指在电源中性点接地系统中，将设备的外壳与电源中性线直接连接，如图 9-4 (a) 所示，当设备正常工作时，外壳不带电，人体触及外壳相当于触及零线，无危险；当某相绝缘损坏发生碰壳短路时，通过设备外壳形成该相对零线的单相短路，短路电流能使线路上的保护装置（如熔断器、低压断路器等）迅速动作，从而把故障部分的电源断开，消除触电危险。

在保护接零系统中，零线起着十分重要的作用，一旦零线断开，就可能产生严重的后果。所以，零线的连接应牢固可靠，零线上不得装设熔断器或开关，零线的截面积选择要适当，一方面要考虑三相不平衡时通过零线的电流，另一方面零线要有足够的机械强度。所有电气设备在接零线时，均以并联的方式接在零线上，不允许串联。在有腐蚀性物质的环境中，零线的表面要涂上必要的防腐涂料。

在三相四线制系统中，由于负载往往不对称，零线中有电流，所以零线对地电压不为零，距电源越远，电压越高，但一般在安全值以下，无危险。为确保设备外壳对地电压为零，须专设保护零线，如图 9-4 (b) 所示，工作零线在进建筑物入口处要接地，进户后再另设保护零线，这就是三相五线制系统。所有的接零设备都通过三孔插座接到保护零线上。在正常工作时，工作零线中有电流，保护零线中不应有电流。

4. 重复接地

在电源中性线进行了工作接地的系统中，为确保保护接零的可靠，还须隔一定距离将中性线或接地线重新接地，这样的接地方式称为重复接地。如图9-5所示，一旦零线在"×"处断线，而设备一相碰壳，若无重复接地，人体触及外壳就会发生触电事故。在重复接地的系统中，由于多处重复接地的接地电阻并联，所以外壳对地电压大大降低，对人体的危害也大大降低。不过应尽量避免中性线或接地线出现断线故障。重复接地是保护接零系统中不可缺少的安全技术措施。

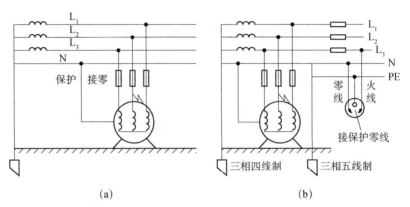

图9-4 保护接零

[根据国家标准，采用不同颜色的导线以区别"五线"：L_1（A相）为黄色，L_2（B相）为绿色，L_3（C相）为红色，N（工作中性线）为浅蓝色，PE（保护接地线）为黄绿双色。对于直流：正极（+）为棕色，负极（−）为蓝色。按国际标准和我国标准，在任何情况下，黄绿双色线只能用作保护接地（零）线。日本及西欧一些国家采用单一绿色线作为保护接地（零）线，我国出口这些国家的产品也是如此。在使用这类产品时，必须注意查阅使用说明书或用万用表判别，以免接错线导致触电]

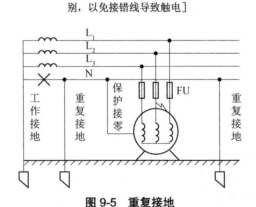

图9-5 重复接地

重复接地的作用可归纳如下。

① 降低漏电设备的对地电压。对于采用保护接零的电气设备，当其带电部分碰壳时，短路电流经过相线和零线形成回路。此时电气设备的对地电压等于中性点对地电压和单相短路电流在零线中产生电压降的相量和。

② 减小零干线断线后的危险。

③ 缩短碰壳短路故障的持续时间。因为重复接地线、工作接地线和零线是并联支路，所以当发生短路故障时会增加短路电流，加速保护装置的动作，从而缩短故障的持续时间。

④ 改善低压架空线路的防雷性能。在架空线路零线上进行重复接地，对雷电有分流作用，有利于限制雷电过电压。

5. 保护接地和保护接零的常见错误连接

在实际工作中，常有一些不规则甚至错误的保护接地和保护接零连接，起不到保护作用或保护作用不可靠，甚至导致相反作用使事故范围扩大。常见的错误连接如下。

① 将家用电器的金属外壳用导线和自来水管连接。此种保护措施是不可靠的，甚至是危险的。因为低压电网采用的是系统中性点接地的供电方式，自来水管的接地电阻远达不到国家标准的要求，尤其采用屋顶水箱供水的自来水管，其接地电阻更大。一旦用电器外壳带电，势必导致触电危险，也可能导致其他用电器带电。

② 在系统中性点不接地的电网中，采用保护接零的连接。如果在该系统中采用了保护接零措施，因为零线电阻很小，所以一旦发生外壳漏电，就会通过零线构成回路，并产生巨大的短路电流，这种大电流可能产生火花甚至引起火灾。同时，某一相的大电流也会破坏三相系统的平衡，促使保护装置动作，中断系统的供电。

③ 在同一供电系统中，有的设备采用接零保护，有的设备采用接地保护。当采用接地保护的用电设备漏电并碰壳后，经过机壳、接地体形成的短路电流往往不足以使自动开关或熔断器动作，而电流流过大地又使电源中性点的电位升高，从而使零线及接零保护的设备外壳产生较高的对地电压，增加人身触电的危险。

9.2.2 安全电压及漏电保护器

安全电压是指人体在不戴任何防护设备时触及带电体不被电击或电伤的电压。从安全的角度来看，因为电力系统中的电压通常是比较恒定的，而影响电流变化的因素很多，所以确定人体的安全条件用安全电压而不用安全电流。根据工作场所和环境条件的不同，我国规定安全电压的标准有 42V、36V、24V、12V、6V 等，凡是裸露的带电设备和移动的电气用具等都应使用安全电压。安全电压是以人体允许通过的电流与人体电阻的乘积为依据确定的。国际电工委员会按人体允许通过的电流 30mA 和人体电阻 1700Ω 来计算触电电压的限定值，即安全电压的上限值是 50V（50～500Hz 交流电有效值），目前我国采用的安全电压以 36V 和12V 两个等级比较多。安全电压是低压，但低压不一定是安全电压，安全电压只在一定环境下相对安全，并不是确保无电击的危险。人们可根据场所特点，结合我国安全电压标准规定的交流电安全电压等级来确定。

漏电保护器（漏电保护开关）是一种电气安全装置，主要用在交流 220/380V 的线路中，用以防止人身触电事故及因漏电而引起的火灾等事故发生。当发生漏电和触电事故且达到漏电保护器所限定的动作电流值时，漏电保护器就立即在限定的时间内动作，自动断开电源进行保护。漏电保护器是近年来推广采用的一种防触电保护装置，当电气设备发生漏电或接地故障而人体尚未触及时，漏电保护装置已切断电源，或者在人体已触及带电体时，漏电保护器能在非常短的时间内切断电源，减轻对人体的危害。

漏电保护器可按不同的方式分类，如按动作方式可分为电压动作型和电流动作型；按动作机构可分为开关式和继电器式；按用途可分为民用（小电流）和工业用（大电流）两种。在单相用电时采用双极漏电保护器，在三相用电时采用四极漏电保护器。一般住宅用漏电保护器的泄漏电流为 30mA，可预防触电事故；单元电源总进线处漏电保护器的泄漏电流为 300mA或 500mA，可预防电路发生火灾。

【练习与思考 9.2】

9-4　什么叫保护接地？为什么要进行保护接地？

9-5　什么叫保护接零？为什么要进行保护接零？

9-6　什么是重复接地？重复接地的作用是什么？

9-7　漏电保护器的作用是什么？如何分类？

9.3　触电急救与预防

9.3.1　触电急救

人在触电后可能由于失去知觉或触电电流超过人的摆脱电流而不能自行脱离电源，此时施救人员不要惊慌，要在确保自己不触电的情况下帮助触电者脱离电源。众多触电抢救实例表明，触电急救对于减少触电伤亡是行之有效的。当发生人身触电事故时，应该采取以下措施。

1.　使触电者脱离低压电源或带电设备

（1）以最快的速度拉下闸刀开关或拔下插头，及时切断电源。不能直接用手去拉触电者的身体，因为此时触电者身体上带电，可能造成连锁触电，所以一定要先让触电者脱离电源，然后施行抢救。

（2）当电源开关远离触电地点时，可用有绝缘柄的工具分相切断电线，断开电源，或将干木板等绝缘物插入触电者身下，以隔断电流。

（3）当电线搭落在触电者身上或被触电者压在身下时，可用干燥的衣服、木棒等绝缘物拉开触电者或挑开电线，使触电者脱离电源。绝对不能使用铁器或潮湿的棍棒，也不能向上挑导线，防止导线顺竿滑落，造成自己触电。

（4）施救人员可以站在干燥的木板或板凳上，或者穿上不带钉子的胶底鞋，拉触电者的干燥衣服等，使触电者脱离电源。

2.　使触电者脱离高压电源

（1）立即通知有关部门停电。

（2）戴上绝缘手套，穿上绝缘靴，用相应电压等级的绝缘工具断开电源。

3.　触电者脱离电源后的现场急救方法

（1）如果触电者伤势不重、神志清醒，但是有些心慌且四肢发麻、全身无力，或者触电者在触电的过程中曾经一度昏迷，但已经恢复清醒，则应当使触电者安静休息、不要走动，严密观察触电者，并请医生前来诊治或将其送往医院。

（2）如果触电者伤势比较严重，已失去知觉，但仍有心跳和呼吸，则应当使触电者舒适、安静地平卧，保持空气流通，同时解开触电者的衣服，以利于其呼吸，如果天气寒冷，还要注意保暖，并立即请医生前来诊治或将其送往医院。

（3）如果触电者伤势严重，呼吸已停止或心脏已停止跳动或两者都有，则应立即实行人工呼吸和胸外按压，并迅速请医生诊治或将其送往医院。应当注意，急救要尽快地进行，不能只等候医生的到来，在送往医院的途中，也不能中止急救。

9.3.2　触电预防

发生触电事故的原因是多方面的，为有效防止触电事故的发生，保障人身及设备安全，必须严格遵守用电制度，加强安全用电知识教育。预防发生触电事故，应注意做到以下几点。

（1）认真学习安全用电知识，提高自己防范触电的能力。注意电气安全距离，不进入已标识电气危险标志的场所。不乱动电气设备，特别是当出汗或手脚潮湿时，不要操作电气设备。

（2）应建立完善的安全检查制度，定期检查、维修电气设备，遵守用电规定，不乱接电线，不在通电的电线上晒衣物，不接触断落的电线。雷雨天不要在野外行走，也不要站在高墙上、树木下、电线杆旁或天线附近。

（3）当发现电线断落时，不要靠近、碰或拾落地电线，要离开断线处至少 10m，并赶快找专业人员处理。当高压线落地时，要离开落地点至少 20m，如已在 20m 之内，要并足或单足跳离至 20m 以外，防止发生跨步电压触电。

（4）当发生电气设备故障时，不要自行拆卸，要找持有电工操作证的专业工人修理。当公共用电设备或高压线路出现故障时，要打电话请电力部门工作人员处理。

（5）根据线路安全载流量配置设备和导线，不任意增加负荷，防止过流发热而引起短路、漏电。在更换线路保险丝时，不要随意加大规格，更不要用其他金属丝代替。

（6）在修理电气设备和移动电气设备时，要完全断电，在醒目位置悬挂"禁止合闸，有人工作"的安全标示牌。未经验电的设备和线路一律认为有电，带电容的设备要先放电，可移动的设备要防止拉断电线。

（7）当发生电器火灾时，应立即切断电源，用黄沙或二氧化碳灭火器灭火，切不可用水或泡沫灭火器灭火。

【练习与思考 9.3】

9-8　说明人体触电后急救的步骤及注意事项。

9-9　如何预防触电？

9.4　雷电及其防护

雷电是自然界中存在的一种物理现象，它以热效应、机械效应、反击电压、雷电感应等方式产生破坏作用，从而造成人员伤亡、火灾、爆炸、建筑物和各种设施损毁、电力及通信中断等事故，一些雷击事故令人触目惊心，给人类带来许多危害。因此，了解雷电的产生和活动规律，掌握一般的防雷措施，对保障人身安全和设备安全是十分重要的。

9.4.1　雷电的形成及种类

1. 雷电的形成

雷电是雷云之间或雷云对地面放电的一种自然现象，雷电的形成过程可以分为气流上升、电荷分离和放电 3 个阶段。在雷雨季节，地面上的水分受热变成水蒸气上升，与冷空气相遇之后凝成水滴，形成积雨云。积雨云中水滴受强气流摩擦产生电荷，小水滴容易被气流带走，形成带负电的云，较大的水滴形成带正电的云。由于静电感应，大地表面与云层之间、云层与云层之间会感应出异性电荷，当电场强度达到一定的值时，即发生雷云对地面或雷云与雷云之间的放电，放电时伴随着强烈的电光和声音，这就是雷电现象。雷电会对地面建筑物、电气设备、人和畜等造成很大的危害，所以必须采取有效措施进行防护。

2. 雷电的种类

根据雷电产生和造成危害的特点不同，一般将雷电分为直击雷、感应雷、球形雷和雷电波侵入等几种，其中感应雷和雷电波侵入是造成雷电危害的主要原因。

（1）直击雷：直接击中建筑物、电气设备及其他物体并对其放电的雷电称为直击雷，被击中的建筑物、电气设备及其他物体会产生很高的电位，从而产生过电压，这时流过的雷电流很大，可达几十千安甚至几百千安，这就极易造成建筑物、电气设备及其他被击物体的损坏，甚至引起火灾或爆炸事故。

（2）感应雷：感应雷又称雷电感应，它是由雷电流的强大电场和磁场变化产生的静电感应和电磁感应引起的。当建筑物上空有雷云时，在建筑物上便会感应出与雷云所带电荷相反的电荷，在雷云放电后，雷云与大地之间的电场消失了，但聚集在建筑物顶上的电荷不能立即释放，只能缓慢地向大地中流散，这时建筑物顶对地面就有相当高的电位，便会造成对建筑物内金属设备放电，引起危险品爆炸或燃烧。

（3）球形雷：球形雷通常在闪电后发生，通常认为它是一个温度极高并呈红色、橙色的球形发光体，球形雷沿着地面滚动或在空中飘动，可以从烟囱、门窗等进入建筑物，伤害人或破坏物体。

（4）雷电波侵入：如果输电线路遭受直接雷击或发生雷电感应，雷电波就会沿着输电线侵入变配电所，如果防范不力，轻则损坏电气设备，重则导致火灾、爆炸及人身伤亡事故。

9.4.2 防雷措施

1. 避雷常识

当雷电来临时，应注意人身安全，采取一定的防雷措施，一般要做到以下几点。

（1）关好室内门窗，在室外的人应及时躲到有防雷设施的建筑物内。

（2）不要使用通信设备，电器（如电话、电视等）应断开电源和天线。

（3）不宜使用水龙头，切勿在雷雨天游泳或从事其他水上活动，也不宜进行室外球类运动等户外活动。

（4）切勿站立于山顶、楼顶或接近容易导电的物体。

（5）在空旷地区，不宜进入无防雷设施的临时铁棚屋、岗亭等低矮建筑物内。

（6）不可躲在大树下避雨，若不得已需要在大树下停留，必须与树干和枝丫保持 2m 以上的距离，并尽可能下蹲，双脚并拢。不要触摸金属或潮湿物体，随身携带的金属物件也应尽量从身体上移开，以免成为引雷的介质。

（7）在空旷场地不宜打伞，不宜把锄头、铁锹、羽毛球拍、高尔夫球杆等扛在肩上。

以上只是在有雷雨时所采取的临时防范措施，要想彻底有效地防护和减少雷击事故的发生，需要在公共场所和建筑物上安装防雷装置进行内、外防雷。

2. 防雷装置

防雷装置由接闪器、引下线和接地装置 3 部分组成，其作用是防止直接雷击或将雷电流引入大地，以保证人身及建筑物安全。

接闪器包括避雷针、避雷线、避雷网、避雷带、避雷器等，是直接接受雷击的金属部分。避雷针最上部是受雷端，一般用镀锌或镀铬的铁棒或钢管制成，避雷针一般设在高层建筑物的顶端和烟囱上，以保护建筑物免受直接雷击。避雷线常架设在高压架空输电线路上，以保护架空线路免受直接雷击，也可用来保护较长的单层建筑物。避雷网和避雷带普遍用来保护建筑物免受直接雷击和感应雷击。

引下线是防雷装置的中段部分，上接接闪器，下接接地装置。其作用是构成雷电能量向大地泄放的通道，一般敷设在建筑物的外墙上，并经最短线路接地。每座建筑物的引下线一般不少于两根。引下线通常采用圆钢或扁钢制成，要求进行镀锌处理并且要有足够的机械强度、耐腐蚀性和热稳定性。

接地装置包括接地体和接地线两部分，它是防雷装置的重要组成部分。接地装置的主要作用是向大地均匀地泄放电流，使防雷装置对地电压不至于过高。接地体是人为埋入地下与土壤直接接触的金属导体。在腐蚀性较强的土壤中，应采取镀锌等防腐措施或加大截面积。

3. 预防雷电危害的方法

目前尚无防止雷电发生的方法，但可以根据雷电危害的形式采取相应的对策加以预防，防止或减小危害。预防雷电危害的方法按其基本原理可归纳为 4 种。

（1）引雷：预设雷电放电通道，将发展方向不明的雷云引至放电通道，将雷电电荷导入地下，从而保护周围建筑、设备和设施，如避雷针。

（2）消雷：预设离子发生器，即空间电荷发生器，当雷云与大地所形成的静电场电压达到一定值时，空气被电离，形成空气离子，离子发生器即源源不断地提供离子流与雷云电荷中和，避免直接雷击或减弱其强度，如消雷器。

（3）等电位：将导电体（金属物）进行电气连接并接地，预防雷电产生的静电和电磁效应及反击，如防感应雷接地。

（4）切断通路：当雷击架空电力线路时，切断引入室内的线路，将雷电电流导入地下，以保护室内设备，如避雷器。

【练习与思考 9.4】

9-10 雷电是怎样形成的？

9-11 雷电的危害主要体现在哪些方面？

9-12 预防雷电危害的方法有哪些？

9.5 本章小结

学习安全用电基本知识，掌握常规触电防护技术，是保证用电安全的有效途径。本章首先介绍了触电的原因、方式、对人体的伤害及伤害程度；其次介绍了为防止触电，电气设备必须采取工作接地、保护接地、保护接零或重复接地等安全保护措施；再次介绍了如何预防触电及当发生人身触电事故时的救护措施、注意事项等；最后介绍了雷电的危害、避雷常识及预防雷电危害的方法。

习题 9

习题 9-1 380/220V 三相四线制系统的电气设备采用接零保护应注意什么？

习题 9-2 为什么同一配电系统中保护接地与保护接零不能混用？

习题 9-3 怎样选择保护接零或保护接地方式？

习题 9-4 为什么在煤矿井下禁止供电系统中性点接地？

习题 9-5 低压配电系统中 IT、TN、TT 的含义是什么？

习题 9-6 为什么保护接地和防雷接地的接地电阻越小越好？

习题 9-7 雷雨天气站在大树下是危险的，站在避雷针下是否安全？为什么？

参 考 文 献

[1] 高福华. 电工技术（电工学 I）. 北京：机械工业出版社，2004.

[2] 周玲. 电路基础. 长沙：中南大学出版社，2007.

[3] 刘明丹. 电路分析基础. 北京：北京航空航天大学出版社，2006.

[4] 李昌春. 电路及电工技术基础. 重庆：重庆大学出版社，2012.

[5] 袁明波. 实用电路基础. 北京：机械工业出版社，2012.

[6] 邱关源. 电路（第四版）. 北京：高等教育出版社，1999.

[7] 赵承荻. 电工技术. 北京：高等教育出版社，2001.

[8] 刘志民. 电路分析（第四版）. 西安：西安电子科技大学出版社，2012.

[9] 田玉丽. 电工技术. 北京：中国电力出版社，2009.

[10] 王兆奇. 电工基础. 北京：机械工业出版社，2015.

[11] 秦曾煌. 电工学（第五版）. 北京：高等教育出版社，2000.

[12] 燕庆明. 电路分析教程. 北京：高等教育出版社，2003.

[13] 张永瑞. 电路分析基础. 西安：西安电子科技大学出版社，2005.